ZHINENG BIANDIANZHAN JIDIANBAOHU
BINGWANGQIAN QUANGUOCHENG SHENCHA XIZE

智能变电站继电保护
并网前全过程审查细则

简学之 张 文 主编

中国电力出版社
CHINA ELECTRIC POWER PRESS

内 容 提 要

为规范智能变电站继电保护并网前全过程管理，推进智能变电站建设规范化，提高智能变电站二次设计、建设质量，提升继电保护专业人员审查水平，基于南方电网公司继电保护专业实际情况和深圳供电局实施经验，特编写本书。

本书包含适用范围、总体要求、并网全过程管控审查细则等内容。

本书可供电力系统继电保护专业人员和相关管理人员学习使用。

图书在版编目（CIP）数据

智能变电站继电保护并网前全过程审查细则/简学之，张文主编．—北京：中国电力出版社，2021.8

ISBN 978-7-5198-5794-3

Ⅰ．①智…　Ⅱ．①简…　②张…　Ⅲ．①智能系统－变电所－继电保护－检查－细则　Ⅳ．①TM63-39②TM77-39

中国版本图书馆 CIP 数据核字（2021）第 130764 号

出版发行：中国电力出版社
地　　址：北京市东城区北京站西街 19 号（邮政编码 100005）
网　　址：http://www.cepp.sgcc.com.cn
责任编辑：唐　玲（010-63412722）
责任校对：黄　蓓　朱丽芳
装帧设计：郝晓燕
责任印制：钱兴根

印　　刷：三河市航远印刷有限公司
版　　次：2021 年 8 月第一版
印　　次：2021 年 8 月北京第一次印刷
开　　本：710 毫米×1000 毫米　16 开本
印　　张：11
字　　数：155 千字
定　　价：45.00 元

编　委　会

前　言

为规范智能变电站继电保护专业并网前全过程管理，推进智能变电站建设规范化，提高智能变电站二次设计、建设质量，保障电网的安全和稳定运行，依据南方电网公司智能变电站继电保护设计、建设、运维的实际情况和深圳供电局实施经验编制本书。

本书结合南方电网公司智能电网建设和发展的新形势，吸收了智能变电站设计运维的成功经验，并广泛征求了南方电网公司有关施工、调试、运行、维护单位的意见后定稿。

本书编写的目的旨在指导和规范从事继电保护的设计、施工和维护人员在智能变电站可研、设计、施工、调试和验收等阶段的工作，减少由于审查、验收不到位造成智能变电站继电保护设备带隐患投产，导致继电保护误动或拒动。

由于时间仓促，书中不妥之处，恳请广大读者批评指正。

编　者

2021 年 3 月

目　录

前言

1 适 用 范 围

    本细则规定了 110kV 及以上电压等级智能变电站继电保护专业并网前全过程审查原则。

    本细则适用于 110kV 及以上电压等级智能变电站电气二次部门可研、设计、施工、调试、验收工作。深圳供电局有限公司（简称"深圳供电局"）新建、扩建和大修技改等工程的二次图纸继电保护专业审查工作均应执行本细则，南方电网公司范围内其他智能变电站工程可参照执行。

2 总 体 要 求

2.1 总体配置及装置要求

2.1.1 设备配置原则

继电保护的配置应满足可靠性、选择性、灵敏性和速动性的要求，并应综合考虑以下几方面：电网的结构特点和运行要求；故障概率和可能造成的后果；国内外运行经验；电网发展和设备的扩展适应性；技术经济合理性。

双套配置的保护，智能终端，A、B 网过程层交换机，应采用不同设备供应商的设备。

变电站可配置站域或广域保护控制装置。

新建 110kV 变电站应配置 110kV 母差保护，运行 110kV 变电站宜结合扩建，技改工程加装 110kV 母差保护。

220kV、500kV 线路保护装置应配置双套电流差动保护，每套保护均具备双通道。

110kV 及以上变电站应配置继电保护信息子站系统或智能录波器。220kV 及以上变电站的子站系统应按双机配置。

2.1.2 装置技术要求

继电保护装置应为微机型，具有独立性、完整性和成套性，并满足 GB/T 14285—2006《继电保护和安全自动装置技术规程》、DL/T 478—2013《继电保护和安全自动装置通用技术条件》的要求。

10kV～35kV 一次设备采用高压开关柜时，宜采用测控保护一体化装置，并布置在高压开关柜上。

继电保护装置所有输出接点应是无源接点。

继电保护装置均应具备录波功能，记录保护启动或动作后全过程的所有信息。

各电压等级的继电保护装置，应经国家级质量检验测试中心动态模拟试验、电磁兼容试验、绝缘试验、机械性能试验以及型式试验等检验，确认其技术性能指标符合相关国家及行业标准，并满足本导则的相关要求。

继电保护装置应具有在线自动监测功能和自复位电路。自动监测功能应符合 GB/T 14285—2006《继电保护和安全自动装置技术规程》的要求。

继电保护装置在电压互感器（简称"TV"）二次回路一相、两相或三相同时断线、失压时，应发告警信号，并闭锁可能误动作的保护。在（简称"TA"）二次回路不正常或断线时，应发告警信号，除母线保护外，允许跳闸。

在空载、轻载、满载等各种状态下，在保护范围内发生金属性或非金属性的各种故障（包括单相接地、两相接地、两相不接地短路、三相短路、复杂故障、转换性故障、跨线故障和断线故障等）时，保护应能正确动作；系统无故障、发生各种外部故障、功率倒向以及系统操作等情况下保护不应误动。

对于可能导致多个断路器同时跳闸的直跳开入，保护装置应采取防止直跳开入的保护误动的措施。

继电保护装置在 TA 暂态过程中以及饱和情况下，应能正确动作。

线路差动保护应允许线路两侧采用变比不同的 TA。只有在两侧差动连接片都处于投入状态时才能动作，两侧连接片投退状态不一致时应发告警信号。

线路差动保护和信号传输装置应具有数字地址编码，地址编码应按保护装置设置，保护装置自动识别不同通道。线路两侧的保护或信号传输装置应相互交换地址编码，并对地址编码进行校验，校验出错时告警，并闭锁保护。

继电保护、故障录波装置、行波测距装置和继电保护信息系统中的嵌入式设备设计生命周期不低于 12 年。

双重化配置的保护装置及其回路之间应完全独立，不应有直接的电气联系（反事故措施要求除外）。双重化保护的电流回路、电压回路、跳闸回路、保护电压切换回路及电源回路和相关电缆引接均应完全独立。

装置接入不同网络时，应采用相互独立的数据接口控制器。

2.2 总体技术要求

2.2.1 技术参数要求

直流电源：110V/220V。

TV 二次电压 57.7V/100V，TA 二次电流 1A。

采样跳闸方式：常规模拟量采样、GOOSE 网络跳闸。

2.2.2 光纤选择要求

可靠性要求较高的过程层信息传输宜采用光纤。

光纤类型：多模光纤。

光纤芯径：62.5/125μm（或 50/125μm）。

光波长：1310nm 或 850nm。

光纤发送功率和接收灵敏度如下。

（1）1310nm 光纤。

百兆光纤发送功率：−20dBm～−14dBm。

百兆光纤光接收灵敏度：−31dBm～−14dBm。

千兆光纤发送功率：−11.5dBm～−3dBm。

千兆光纤光接收灵敏度：−19dBm～−3dBm。

（2）850nm 光纤。

千兆光纤发送功率：−9dBm～−2.5dBm。

千兆光纤光接收灵敏度：$-18dBm \sim -2.5dBm$。

光纤连接器类型：LC 或 ST 接口。

全站过程层所有设备宜配置同类型接口。

2.2.3　二次接地网要求

站内敷设独立的二次接地网，该接地网全网由截面 $120mm^2$ 的铜排构成，由户内和户外二次接地网组成。

在各电压等级继电器室和主控通信楼主控制室活动地板下的电缆层中，按屏柜布置方向敷设首末端相连的专用接地铜排网，形成户内二次接地网。该接地网按终期屏位上齐来敷设。并以一点通过截面 $120mm^2$ 的绝缘阻燃铜导线与变电站主地网引下线可靠连接接地。用截面 $50mm^2$ 的阻燃绝缘软铜导线将二次屏内底部的铜排与户内二次接地网可靠连接。

在二次电缆沟上层敷设专用铜排，贯穿主控通信楼继电器室至开关场地的就地端子箱、机构箱及保护用结合滤波器等处的所有二次电缆沟。该接地网在电缆沟中的各末梢处分别用截面 $120mm^2$ 的铜导线与变电站主地网可靠连接。户外二次接地铜排进入室内时，以截面 $120mm^2$ 的铜导线与户内二次接地网可靠连接。开关场端子箱内接地铜排用截面 $120mm^2$ 的铜导线与户外二次接地网可靠连接。户外二次接地网不可以首尾相连。

高压配电装置室内的二次电缆沟中敷设截面 $120mm^2$ 的二次专用铜排，其末端在高压配电装置室内用截面 $120mm^2$ 的绝缘阻燃铜导线与变电站主地网引下线可靠连接，该铜排还应通过截面 $120mm^2$ 的铜导线与继电器及通信室内的二次接地网可靠连接。

继电器及通信室内的屏外壳与主接地网可靠连接。

2.2.4　二次防雷要求

变电站二次系统雷电防护区的划分应符合 GB 50343—2012《建筑物电子信

息系统防雷技术规范》的要求，根据雷电防护区的划分原则，变电站二次系统的防雷工作应减少直击雷（试验波形 10/350μs）和雷电电磁脉冲（试验波形 8/20μs）对二次系统造成的危害。

控制室内应使用限压型或组合型的具有能量自动配合功能的 SPD，禁止在回路上加装退耦元件。

变电站二次系统的雷电防护应遵循从加强设备自身抗雷电电磁干扰能力入手，以加装 SPD 防雷器件为补充的原则。

3 并网全过程管控审查细则

3.1 交付资料审查

3.1.1 可行性研究阶段

设计方应提交《可行性研究报告》，并交付业主方审核，系统运行部根据南方电网公司现行规范要求对可研报告进行审核，并提交审核意见至设计方。采用新技术、新设备、新材料、新工艺时，应详细说明技术特性及注意事项。

3.1.2 初步设计阶段

设计方应提交《设计说明书》及《主要设备材料清册》，并交付业主方审核。其中《设计说明书》中应明确变电站一次系统结构，过程层组网方式，二次设备组屏（柜）方案；《主要设备材料清册》应明确二次设备数量。

3.1.3 施工设计阶段

除原常规变电站所需资料外，设计方还须提供以下资料：

（1）全站设备虚端子连接图（表）、二次系统信息流图；

（2）已通过互操作测试的 ICD 文件及其版本号；

（3）网络结构设计图，包括站控层网络、过程层网络结构图、交换机端口配置图等；

（4）软连接片设计图（说明软连接片之间的逻辑关系）；

（5）全站光缆联系图、光缆清册，包括智能录波器系统组网图；

（6）全站 SCD 文件；

（7）全站设备过程层网络 VLAN 或静态组播配置表；

（8）全站设备站控层网络 IP 地址配置表；

（9）过程层 GOOSE 设计必须提供 GOOSE 控制块优先级的分类表；

（10）过程层 GOOSE 设计必须提供的装置虚端子对应的 ICD 文件数据对象、数据属性映射表；

（11）智能终端控制、信号回路图。

3.1.4　工厂验收阶段

系统集成商应提交下列资料：

（1）系统硬件清单及配置参数，应包括 SCD 文件、ICD 文件；

（2）设备随机技术资料、检验报告和出厂合格证书；

（3）设备型式试验报告；

（4）厂内测试报告；

（5）合同技术协议；

（6）技术联络会纪要及备忘录；

（7）设计文件，至少包括全站虚端子连接表及网络通信配置表；

（8）工厂验收大纲。

3.1.5　现场验收阶段

施工方及系统集成商应提交下列资料：

（1）系统硬件清单及配置参数齐全，包括 ICD 文件、SCD 文件、CID 文件、CCD 文件等；

（2）设备现场安装调试报告；

（3）《智能变电站二次系统通用设计规范》规定的交付资料，包括竣工草图、过程层局域网络设计等；

（4）五防闭锁逻辑表及完整、正确的典型操作票；

（5）厂家相关资料，包括厂家图纸、产品说明书、产品合格证等。

3.1.6　启动验收阶段

设计、施工及建设单位应提交下列资料：

（1）设计文件；

（2）工程合同；

（3）设备、材料技术文件；

（4）工程档案资料，包括 ICD 文件、SCD 文件、CID 文件、CCD 文件等；

（5）对不影响使用功能和安全运行的非关键问题提出的限期处理意见；

（6）试运行结束后，应完成启动验收证书签证。

3.2　可行性研究阶段审查细则（以二次设备配置原则为例）

3.2.1.1　500kV 线路保护配置原则

遵循"强化主保护、简化后备保护"的原则，采用主保护和后备保护一体化、具备双通道的微机型继电保护装置。

每回线路应按双重化原则配置两套完整的、相互独立的、主保护和后备保护一体化的光纤电流差动保护。每套保护的两个通道应遵循完全独立的原则配置。

线路保护应配置零序反时限过流保护；不含重合闸功能。

凡穿越重冰区使用架空光纤的线路保护和远方跳闸保护还应满足如下配置原则：

（1）双重化配置的两套全线速动的主保护和过电压及远方跳闸保护应能适应应急通道，其中至少一套保护采用应急通道。

（2）应急通道可采用公网光纤通道或载波通道，配置的光纤电流差动保护应具备纵联距离保护功能。

（3）具备两路远跳应急通道时，宜按双重化配置远方跳闸保护。两路远跳应急通道分别接入两套远方跳闸保护。

过电压及远方跳闸保护应按双重化配置，宜集成在线路主保护中。下列故障应发送跳闸命令，使相关线路对侧断路器跳闸切除故障：

（1）一个半断路器接线的断路器失灵保护动作；

（2）高压侧无断路器的线路并联电抗器保护动作；

（3）线路过电压保护动作；

（4）线路变压器组的变压器保护动作；

（5）线路串联补偿电容器的保护动作且电容器旁路断路器拒动。

每台断路器配置一套断路器保护和一台分相操作箱。

出线或进线间隔设有隔离开关时，应按双重化配置两套短引线保护。

间隔保护使用串外 TA 时，应按双重化配置两套 T 区保护。

3.2.1.2　500kV 变压器保护配置原则

应遵循相互独立的原则，按双重化配置两套主保护、后备保护一体化的电气量保护和一套完整的非电气量保护。

主保护配置纵联差动保护，两套纵联差动宜采用不同原理的励磁涌流判据，其中一套应包含二次谐波制动原理；配置差动电流速断保护；配置接入高压侧、中压侧和公共绕组 TA 的分侧差动保护或零序差动保护，优先采用分侧差动保护。

后备保护应至少包含以下配置：过流保护、零序过流保护、相间与接地阻抗保护、过激磁保护和反时限零序过流保护。

变压器差动保护的保护范围应包括变压器套管、内部绕组和引出线。

3.2.1.3　500kV 母线保护配置原则

每段母线按双重化原则配置两套母线保护。

母线保护的配置应能满足最终一次接线。

3.2.1.4　500kV 并联电抗器保护配置原则

应遵循相互独立的原则按双重化配置主保护、后备保护一体化的并联电抗器电量保护，配置一套完整的非电量保护。

主保护配置主电抗器差动保护、差动速断保护、零序差动保护和匝间保护。

后备保护配置主电抗器过电流保护、零序过流保护、过负荷保护和中性点电抗器过电流保护、过负荷保护。

在并联电抗器无专用断路器时，其保护动作除断开线路的本侧断路器外，还应起动远方跳闸装置，断开线路对侧断路器。

3.2.1.5　220kV 线路保护配置原则

遵循"强化主保护、简化后备保护"的原则，每回线路应按双重化要求配置两套完整的、相互独立的光纤电流差动保护。

穿越重冰区使用架空光纤的线路保护，每套光纤电流差动保护应具备纵联距离保护功能，其中至少一套保护采用公网光纤或载波应急通道。

母线失灵保护不能按间隔识别失灵断路器时，应配置一套具备失灵电流判别功能的断路器辅助保护。

3.2.1.6　220kV 变压器保护配置原则

应遵循相互独立的原则，按双重化配置两套主保护、后备保护一体化的电气量保护和一套完整的非电气量保护。

主保护配置纵联差动保护，两套纵联差动宜采用不同原理的励磁涌流判据，其中一套应包含二次谐波制动原理，配置差动电流速断保护。

后备保护应至少包含以下配置：过流保护、零序过流保护、相间与接地阻抗保护、中性点间隙保护。

220kV 断路器的失灵电流判别及三相不一致须由独立的断路器辅助保护完成时，配置一套 220kV 断路器辅助保护。

220kV 断路器采用非三相机械联动断路器时，配置一套具备三相不一致功能的 220kV 断路器辅助保护。

3.2.1.7 220kV 母线保护和母联（分段）保护配置原则

应按双重化原则配置两套母线差动保护和失灵保护，应选用可靠的、灵敏的和不受运行方式限制的保护。

应配置 220kV 母联（分段）保护，可集成于母线保护或独立配置。

3.2.1.8 110kV 线路保护配置原则

每回 110kV 主线路应配置一套含重合闸功能的主保护、后备保护一体的光纤电流差动保护。

对多端 T 接等不具备差动保护技术条件的线路，可不配置电流差动保护功能。

单侧电源线路且为线变串单元接线时，负荷端可不配置线路保护。

3.2.1.9 110kV 主变压器保护配置原则

110kV 主变压器保护宜按双重化配置两套主保护、后备保护合一的电气量保护和配置一套非电量保护，也可按主保护、非电量保护、各侧后备保护各一套独立配置（主保护与后备保护宜引自不同的 TA 二次绕组）。

单套配置时，采用主保护、各侧后备保护分机箱设置，各侧配置一套后备保护，宜采用二次谐波制动原理比率差动保护；当采用双套保护配置时，采用主保护、后备保护一体装置布置，两套差动保护宜采用不同的涌流闭锁原理。

3.2.1.10　110kV 母线和母联（分段）保护配置原则

220kV 变电站内的 110kV 母线、110kV 双母线应配置一套母线保护。

110kV 变电站需要快速切除 110kV 母线故障时，可配置一套母线保护。

110kV 母联（分段）断路器宜按断路器配置一套完整、独立的母联（分段）过流保护，作为母线充电保护，并兼作新线路投运时的辅助保护。保护宜与测控分开。

110kV 内桥断路器装设独立的充电、过流保护。

3.2.1.11　35kV 及以下线路保护配置原则

对于短联络线路或整定困难的 35kV 线路，可配置光纤电流差动保护。其他采用合环运行的 10kV～35kV 线路，为了提高供电可靠性，根据需求可以配置光纤电流差动保护。

对特殊需求的 35kV 线路，为保证可靠性要求，保护配置可参照 110kV 线路。

地区电源并网线路应配置低压解列和高周解列功能。

3.2.1.12　35kV（66kV）及以下变压器（包括站用变、接地变）保护配置原则

除非电量保护外，还配置电流速断、过电流和高、低压侧的零序电流保护，作为变压器内部、外部故障时的保护。

3.2.1.13　35kV（66kV）及以下母线保护配置原则

500kV 变电站 35kV（66kV）母线应配置一套母线保护，以瞬时切除在母

线上的故障。

35kV 及以下系统需要快速切除母线故障时，可配置一套母线保护。

3.2.1.14 35kV（66kV）及以下母联（分段）保护配置原则

35kV（66kV）及以下分段配置电流速断、过流保护，设自动投入装置。户外布置的 35kV（66kV）保护、测控装置可独立配置。

3.2.1.15 补偿电容器和电抗器保护配置原则

补偿电容器和电抗器应配置一套完整的保护。

3.2.1.16 故障录波装置配置原则

故障录波装置的数量应根据变电站实际接入的模拟量和开关量规模进行配置。

换流站故障录波系统包括直流暂态故障录波系统和交流故障录波系统。故障录波装置宜采用分散布置。直流暂态故障录波系统应按极或换流器配置，记录直流场电压、电流及换流变阀侧电压、电流。交流故障录波系统应按交流滤波器大组或串配置。220kV 及以上电压等级变电站均应装设故障录波装置，并按不同电压等级分别配置。当变电站设置就地保护小室时，故障录波器应按就地分散的原则配置。

500kV 变电站的故障录波装置应按照电压等级分类进行配置，500kV 部分（含线路、断路器、并联电抗器）、主变、220kV 部分（含线路、母联、分段）应分别设置独立的录波装置。500kV 部分宜按每两串设置一台故障录波装置，或按继电器小室设置故障录波装置。主变部分宜按每两台（组）变压器设置一台故障录波装置。220kV 部分宜根据变电站终期规模设置故障录波装置。

220kV 变电站的故障录波装置应按照电压等级分类进行配置，220kV 部分（含线路、母联、分段）、主变、110kV 部分（含线路、母联、分段）应分别设置独立的故障录波装置。220kV、110kV 部分宜按变电站终期规模设置故障录波装置，主变部分宜按每两台变压器设置一台故障录波装置。

110kV 变电站宜全站装设一台或两台故障录波器，终端变电站可不配置故障录波器，满足以下情况之一时应配置录波装置：

（1）三回及以上 110kV 出线的变电站；

（2）有电源以 110kV 电压上网的变电站；

（3）有多侧电源的变电站；

（4）枢纽站或带有重要负荷的变电站。

200MW 及以上容量的发电机变压器组应配置专用故障录波器。

新建智能变电站宜按智能录波器相关配置原则配置。

（1）智能录波器包括采集单元与管理单元。

（2）智能录波器采集单元按电压等级配置，主变单独配置采集单元；110kV 变电站可根据需要全站统一配置智能录波器。采集单元的数量应根据变电站实际接入的模拟量和开关量规模进行配置。

（3）每台采集单元不应跨接双重化的两个网络，各电压等级的采集单元应通过独立的数据接口控制器接入管理单元。

（4）智能录波器应具有连续报文记录、暂态记录、稳态录波、智能运维及远程交互等功能。宜采用网络方式采集数据；应能记录 GOOSE 网络、MMS 网络的信息；对应 GOOSE 网络、MMS 网络的接口，应采用相互独立的数据接口控制器。

3.2.1.17 故障测距装置配置原则

500kV 及以上系统的交流线路、220kV 长度超过 50km 或多单位维护的交流线路应配置集中式行波测距装置；其他 220kV 巡线困难的交流线路宜装设行波测距装置。

直流线路应按双重化配置两套不同设备供应商的行波测距装置。

线路两侧行波测距装置宜优先采用站间通信方式实现双端测距功能。

行波测距装置应采用调度数据网或 2M 复用光纤通道通信。

3.3 初步设计阶段审查细则

3.3.1 二次设备配置原则

3.3.1.1 站控层设备配置原则

站控层操作系统应采用符合 POSIX 和 OSF 标准的 LINUX 操作系统。

在监控系统站控层宜设置网络打印机。

站控层网络应采用星型网络结构。

装置接入不同的站控层网络时，应采用相互独立的数据接口控制器。

站控层交换机宜按照设备室或电压等级配置，应冗余配置。站控层交换机采用 100Mbps 电（光）接口，对于长距离传输的端口应采用光纤以太网口；站控层交换机之间的级联端口宜采用 1000Mbps 光接口。站控层交换机宜采用 24 个 RJ-45 电接口，其光口数量根据实际要求配置。

3.3.1.2 保护设备配置原则

两台及以上保护装置安装在同一保护屏内时，应方便单台保护装置退出、消缺或试验。

220kV 及以上电压等级的电气量保护应按双重化配置，110kV 变压器电气量保护宜按双套配置，每套保护包含完整的主保护、后备保护功能。

110kV 及以下电压等级的电气量保护、变压器和高压并联电抗器非电量保护装置宜单套配置，非电量保护采用就地直接电缆跳闸，信息通过本体智能终端上送过程层 GOOSE 网，非电量保护与第一套本体智能终端可采用一体化装置。

采用户内开关柜时，35kV 及以下间隔（主变除外）采用保护、测控、智能终端合一装置，单套配置（35kV 及以下分段间隔宜按双套配置，以便与双重化配置的主变保护配合，第二套只使用智能终端功能），与 TV、TA、断路器操动机构通过缆线连接，实现模拟量、开关量的采集与跳合闸控制。户外布置一次设备时，35kV 及以下间隔（主变除外）采用保护、测控合一装置，单套配置。

双重化配置的两套保护之间不应有任何联系，当一套保护异常或退出时不应影响另一套保护的运行；保护装置实现其保护功能不应依赖外部对时系统，不应受站控层网络的影响；母线、主变保护装置应适应多间隔数据同步要求。

双重化配置的继电保护及安全自动装置的输入、输出、网络及供电电源等各环节应完全独立。

每套保护配置独立的交流电压切换装置时，电压切换装置应与保护装置使用同一组直流电源，二者在保护屏上通过直流断路器分开供电。

3.3.1.3　测控装置配置原则

测控装置按间隔单套配置，可配置一体化测控，集成相量测量、计量等功能；110kV 及以上电压等级测控装置应独立配置；主变各侧及本体测控装置宜独立配置；高抗测控装置宜单套独立配置。

3.3.1.4　智能录波器配置原则

110kV 及以上变电站应配置智能录波器管理单元。

智能录波器采集单元按电压等级配置，主变单独配置采集单元；110kV 变电站可根据需要全站统一配置智能录波器。采集单元的数量应根据变电站实际接入的模拟量和开关量规模进行配置。

3.3.1.5　直流系统配置原则

直流系统按双充双蓄配置，单母线分段接线，电压采用 110V。

3.3.1.6　过程层交换机配置原则

过程层交换机应按双网冗余配置，交换机端口数量应满足应用需求。过程层交换机可按照电压等级多间隔共用配置，同一间隔内的设备应接入同一台交换机；或 500kV 电压等级过程层交换机可按串配置，220kV 电压等级过程层交换机可按间隔配置，110kV 及以下可按电压等级多间隔共用配置。

过程层交换机与智能设备之间的连接宜采用 100Mbps 光接口，交换机的级联端口宜采用 1000Mbps 光接口。

任意两台设备之间的数据传输路由不应超过 4 个交换机。

宜按照每一间隔预留一个备用交换机接口，预留备用接口不宜少于交换机接口总数的 20%；还应至少预留一个级联接口。

智能录波器、站域保护等跨间隔设备宜通过中心交换机接入。

3.3.1.7　智能终端配置原则

220kV 及以上电压等级的断路器智能终端应按双套配置。

各电压等级的主变各侧智能终端应按双套配置；各电压等级主变本体智能终端宜按双套配置。

110kV 及以下电压等级的智能终端宜按单套配置；110kV 及以下电压等级母联、分段、桥断路器的智能终端宜按双套配置。

500kV 智能变电站的 35kV 无功补偿设备（电容器、电抗器）的智能终端宜按双套配置。

每段母线智能终端宜单套配置。

3.3.1.8　时间同步系统配置原则

变电站宜配置 1 套公用的时间同步系统，主时钟应双重化配置，另配置扩展装置实现站内所有对时设备的软、硬件对时。应支持北斗和 GPS 系统单向标准授时信号，优先采用北斗系统。

3.3.2 保护设备初步设计评审意见

（1）500kV××输变电工程初步设计评审意见模板如表1所示。

（2）220kV××输变电工程初步设计评审意见模板如表2所示。

（3）110kV××输变电工程初步设计评审意见模板如表3所示。

表1　　　　　　　500kV××输变电工程初步设计评审意见模板

本工程参考《中国南方电网110kV～500kV变电站标准设计V2.1》进行设计，并结合实际情况进行调整，达到工程建设规模

序号	项目	内　容
1	系统继电保护	（1）500kV线路：每回线路两侧各配置2套不同厂家的光纤分相电流差动保护，每套保护均具有完整的后备保护功能，主保护集成过电压及远跳保护功能。每套保护通道可采用复用2M光纤通信电路和专用光纤芯（或双复用2M光纤通信电路）。 （2）断路器：每台500kV断路器配置2套断路器保护装置，每台220kV母联、分段断路器各配置2套断路器保护装置。 （3）母线保护：每段500kV母线配置2套母线差动保护，220kV母线按双母线双分段接线配置4套220kV母线差动保护（含失灵保护功能）。 （4）500kV线路、220kV线路、母线及主变主保护均采用模拟量采样，GOOSE网络跳闸方式。 （5）全站配置1套智能故障录波系统，管理单元双重化配置，采集单元按500kV、220kV系统及主变分别独立配置。 （6）配置1套500kV线路专用行波测距装置
2	过程层网络	过程层交换机可按照电压等级多间隔共用配置，同一间隔内的设备应接入同一台交换机；或500kV电压等级过程层交换机可按串配置，220kV电压等级过程层交换机可按间隔配置。500kV过程层GOOSE独立组网，每串交换机宜独立组屏。 （1）过程层交换机可集中组屏。过程层交换机宜按A1网＋A2网、B1网＋B2网分别组屏，各电压等级宜分开组屏；每面屏不宜超过6台交换机。 （2）过程层交换机也可分散组屏，分别安于所在间隔或对象的保护柜内
3	智能终端	500kV、220kV及主变三侧、35kV无功补偿设备智能终端均双重化配置，35kV其余间隔配置单套智能终端装置，均安装在智能组件柜中
4	主变保护	每台主变压器配置2套主、后备一体电气量保护装置和1套非电量保护装置

序号	项目	内 容
5	35kV 保护	35kV 电容器、电抗器、站用变各配置 1 套保护装置，35kV 母线各配置 1 套保护装置
6	二次设备布置	各间隔过程层设备就地布置在各对应间隔，35kV 保护、测控、智终一体化装置、电能表就地布置于高压开关柜上，其余设备集中组屏布置在继电器及通信室。详见保护设备组屏及布置要求

表 2　　　　　220kV××输变电工程初步设计评审意见模板

本工程参考《中国南方电网 110kV～500kV 变电站标准设计 V2.1》进行设计，并结合实际情况进行调整，达到工程建设规模。按双母线双分段接线配置

序号	项目	内 容
1	系统继电保护	（1）220kV 线路：每回线路配置 2 套光纤分相电流差动保护（或每回线路配置 1 套光纤分相电流差动保护，1 套集成距离的光纤分相电流差动保护）。每套保护通道可采用复用 2M 光纤通信电路和专用光纤芯（或双复用 2M 光纤通信电路）。 （2）110kV 线路：每回线路配置 1 套光纤电流差动保护。保护通道采用一路专用光纤芯。 （3）220kV 母线：每 2 组母线配置 2 套母线差动保护（均含失灵保护）。 （4）110kV 母线：每 2 组母线配置 1 套母线差动保护（均含失灵保护） （5）220kV 母联、分段断路器：每台断路器配置 2 套充电、过流保护装置。 （6）110kV 母联、分段断路器：每台断路器配置 1 套充电、过流保护装置。 （7）配置 1 套智能录波系统
2	过程层网络	过程层网络采用双星型冗余网络结构。过程层交换机可按照电压等级多间隔共用配置，同一间隔内的设备应接入同一台交换机；220kV 电压等级过程层交换机可按间隔配置。 （1）过程层交换机可集中组屏。过程层交换机宜按 A1 网＋A2 网、B1 网＋B2 网分别组屏，各电压等级宜分开组屏；每面屏不宜超过 6 台交换机。 （2）过程层交换机也可分散组屏，分别安装于所在间隔或对象的保护柜内
3	智能终端	（1）220kV 线路的断路器智能终端按 2 套配置。 （2）110kV 线路的断路器智能终端按 1 套配置。 （3）主变各侧智能终端按 2 套配置；主变本体智能终端按 2 套配置。 （4）各电压等级母联、分段智能终端均按双套配置。 （5）各电压等级母线 TV 智能终端按 1 套配置
4	主变保护	每台主变压器配置 2 套主、后备一体电气量保护装置和 1 套非电量保护装置
5	10kV 保护	10kV 馈线、分段、接地变、站用变、电容器、电抗器采用保护、测控、智终一体化装置，其中分段保护双套配置

序号	项目	内　　容
6	二次设备布置	各间隔过程层设备就地布置在各对应间隔，10kV 保护、测控、智终一体化装置、电能表就地布置于高压开关柜上，其余设备集中组屏布置在继电器及通信室。详见保护设备组屏及布置要求

表 3　　　　　　110kV××输变电工程初步设计评审意见模板

一、110kV××变电站工程

本工程参考《中国南方电网 110kV～500kV 变电站标准设计 V2.1》进行设计，并结合实际情况进行调整，达到工程建设规模。按单母分段接线配置

序号	项目	内　　容
1	系统继电保护及安全自动装置	（1）110kV 线路：每回线路配置 1 套数字光纤电流差动保护，采用专用光纤通道。 （2）配置 1 套 110kV 母线保护装置（选配）。 （3）配置 1 套分段保护装置（配置母线保护时选配）。 （4）配置 1 套 110kV 数字式备自投装置。 （5）配置 1 套 10kV 数字式备自投装置。 （6）配置 1 套智能故障录波装置，含采集单元和管理单元
2	过程层网络	过程层网络应采用双星型冗余网络结构，110kV 电压等级过程层网络为GOOSE 双网，10kV 电压等级过程层不单独组网（若无组网需求）。110kV及以下过程层交换机可按电压等级多间隔共用配置
3	智能终端	（1）110kV 电压等级的断路器配置 2 套智能终端。 （2）主变的本体、110kV 侧、10kV 侧分别配置 2 套智能终端。 （3）110kV 母线 TV 各配置 1 套智能终端
4	主变保护	主变配置 2 套主、后备合一的电量保护和 1 套非电量保护
5	10kV 保护	采用保护、测控、智能终端一体化装置，10kV 分段按 2 套配置，其余10kV 间隔按 1 套配置
6	二次设备布置	各间隔过程层设备就地布置在各对应间隔，10kV 保护、测控、智终一体化装置、电能表就地布置于高压开关柜上，其余设备集中组屏布置在继电器及通信室。详见保护设备组屏及布置要求

二、110kV××站对侧 220kV××站间隔扩建工程

序号	项目	内　　容
1	系统及电气二次	扩建 110kV 线路间隔保护设备，包括 110kV 线路光纤差动保护屏 1 面，每面屏 1 台保护装置，保护通道采用专用

三、110kV××站对侧 110kV××站保护更换工程

序号	项目	内　　容
1	系统及电气二次	更换 110kV 线路保护屏 1 面（1 台保护装置），保护通道采用专用

3.3.3 二次设备组屏及布置要求

3.3.3.1 户内屏柜通用要求

屏柜的尺寸：二次系统设备及通信屏柜的外形尺寸宜采用 2260mm×800mm×600mm（高×宽×深，高度中包含 60mm 眉头），主机屏柜可采用 2260mm×800mm×1000mm（高×宽×深）。

屏柜的结构：屏柜结构为屏柜前后开门、垂直自立、柜门内嵌式的柜式结构，前门宜为玻璃门（不包括通信设备屏柜），正视柜体转轴在左边，门把手在右边。

屏柜的颜色：全站二次系统设备柜体颜色应统一采用 RAL7035（工业灰色）。

3.3.3.2 站控层设备组屏及布置要求

站控层设备宜集中布置在主控制室或继电器及通信室。

500kV 变电站、具备调度数据网双平面网络接入的变电站宜独立组 2 面屏，其他变电站宜独立组 1 面屏。

智能远动机与规约转换器宜共组 1 面屏。

主控室的站控层交换机宜按 A 网、B 网分别组屏，或与其他站控层设备共同组屏；高压室的站控层交换机可组屏也可安装于开关柜上；交换机组屏时每面屏不宜超过 8 台。

时间同步系统主时钟装置宜组屏布置，对时扩展装置宜分别布置于每个小室和高压室。

3.3.3.3 间隔层 500kV 系统设备组屏及布置要求

线路：线路保护 1（含过电压保护及远方跳闸）、线路保护 2（含过电压保护及远方跳闸）各组 1 面屏；当配置接点方式的纵联距离保护时，接口装置与线路保护共组 1 面屏；

断路器：断路器保护 1＋断路器保护 2 共组 1 面屏；断路器兼线路测控（边＋中＋边）1 串共组 1 面屏；

短引线：短引线保护 1＋短引线保护 2 共组 1 面屏；

T 区：T 区保护 1＋T 区保护 2 共组 1 面屏；

母线：Ⅰ母线保护 1、Ⅰ母线保护 2，Ⅱ母线保护 1、Ⅱ母线保护 2 各组 1 面屏；

高抗：高抗保护 1＋高抗保护 2 共组 1 面屏；高抗测控 3 台共组 1 面屏。

3.3.3.4 间隔层 220kV 系统设备组屏及布置要求

线路：线路保护 1＋线路电压切换 1（可选）＋交换机 1（可选）＋交换机 2（可选）、线路保护 2＋线路电压切换 2（可选）＋交换机 1（可选）＋交换机 2（可选）各组 1 面屏；当配置接点方式的纵联距离保护时，接口装置与线路保护共组 1 面屏；线路测控 3 个间隔共组 1 面屏；

分段/母联/桥：分段/母联/桥保护 1＋分段/母联/桥保护 2＋交换机 1（可选）＋交换机 2（可选）＋交换机 3（可选）＋交换机 4（可选）共组 1 面屏；分段/母联/桥测控 2～3 个间隔共组 1 面屏；

双母线或双母单分段主接线的母线：母线保护 1＋交换机 1（可选）＋交换机 2（可选）、母线保护 2＋交换机 1（可选）＋交换机 2（可选）各组 1 面屏；

双母双分段主接线的母线：1M、2M 母线保护 1＋交换机 1（可选）＋交换机 2（可选），1M、2M 母线保护 2＋交换机 1（可选）＋交换机 2（可选），5M、6M 母线保护 1＋交换机 1（可选）＋交换机 2（可选），5M、6M 母线保护 2＋交换机 1（可选）＋交换机 2（可选）各组 1 面屏。

3.3.3.5　间隔层 110kV 系统设备组屏及布置要求

线路：线路保护＋电压切换（可选）＋交换机 1（可选）＋交换机 2（可选）2 个间隔共组 1 面屏；线路测控 3 个间隔共组 1 面屏；

分段/母联/桥：分段/母联/桥保护＋交换机 1（可选）＋交换机 2（可选）2～3 个间隔共组 1 面屏；分段/母联/桥测控 2～3 个间隔共组 1 面屏；

双母线、双母单分段或单母分段主接线的母线：母线保护＋交换机 1（可选）＋交换机 2（可选）组 1 面屏；

双母双分段主接线的母线：1M、2M 母线保护＋交换机 1（可选）＋交换机 2（可选），5M、6M 母线保护＋交换机 1（可选）＋交换机 2（可选）各组 1 面屏。

3.3.3.6　间隔层 10kV～35kV 系统设备组屏及布置要求

10kV～35kV 保护测控一体化装置，当采用户内开关柜时，装置分散就地布置于开关柜；当采用户外装配式时，每 4 个间隔的装置组 1 面屏安装于继电器及通信室。

3.3.3.7　间隔层主变设备组屏及布置要求

500kV 主变压器：500kV 主变保护 1＋中压侧电压切换 1（可选）＋交换机 1～6（可选）、500kV 主变保护 2＋中压侧电压切换 2（可选）＋交换机 1～6（可选）各组 1 面屏；500kV 主变各侧测控共组 1 面屏；

220kV 主变压器：220kV 主变保护 1＋高压侧电压切换 1（可选）＋中压侧电压切换 1（可选）＋交换机 1～6（可选）、220kV 主变保护 2＋高压侧电压切换 2（可选）＋中压侧电压切换 2（可选）＋交换机 1～6（可选）各组 1 面屏；220kV 主变各侧测控共组 1 面屏；

110kV 主变压器：110kV 主变保护 1＋交换机 1～6（可选）、110kV 主

变保护 2＋交换机 1～6（可选）各组 1 面屏；110kV 主变各侧测控共组 1
面屏。

3.3.3.8　间隔层母线、公用测控组屏及布置要求

母线、公用测控：每个电压等级宜至少配置 1 台公共测控装置，每组母线
宜配置 1 台母线测控装置，每个电压等级母线、公用测控可共组 1 面测控屏，
屏上宜布置 2～3 台测控装置。

公用测控装置与母线测控宜组 1 面屏，用于站内其他公用设备接入。

3.3.3.9　相量测量装置组屏及布置要求

相量测量装置主机单元、采集单元、网络交换机可同组 1 面主机屏。

3.3.3.10　通信接口装置组屏及布置要求

通信接口装置分电压等级组屏，不多于 8 台组 1 面屏。

3.3.3.11　过程层 500kV 系统设备组屏及布置要求

断路器：断路器智能终端 1＋断路器智能终端 2 共组 1 面柜；
母线：每段母线智能终端各组 1 面柜。

3.3.3.12　过程层 220kV 系统设备组屏及布置要求

线路：线路智能终端 1＋线路智能终端 2 共组 1 面柜；
分段/母联/桥：分段/母联/桥智能终端 1＋分段/母联/桥智能终端 2 共组 1 面柜；
母线：每段母线智能终端各组 1 面柜。

3.3.3.13　过程层 110kV 系统设备组屏及布置要求

线路：线路智能终端组 1 面柜；

分段/母联/桥：分段/母联/桥智能终端 1＋分段/母联/桥智能终端 2 共组 1 面柜；

母线：每段母线智能终端各组 1 面柜。

3.3.3.14　过程层 10kV～35kV 系统设备组屏及布置要求

10kV～35kV 电压等级采用保护、测控、智能终端一体装置布置于开关柜。

3.3.3.15　过程层主变各侧设备组屏及布置要求

智能终端 1＋智能终端 2 共组 1 面柜，采用户内开关柜时，布置于开关柜内。

主变压器本体智能终端 1＋主变压器本体智能终端 2＋非电量保护组 1 面柜。

3.3.3.16　过程层交换机组屏及布置要求

过程层交换机可集中组屏。过程层交换机宜按 A1 网＋A2 网、B1 网＋B2 网分别组屏，各电压等级宜分开组屏；每面屏不宜超过 6 台交换机。过程层交换机也可分散组屏，分别安装于所在间隔或对象的保护柜内。当过程层交换机采用集中组屏时，过程层交换机宜按 A1 网、A2 网、B1 网、B2 网分别独立组屏。过程层中心交换机宜与各子网交换机集中组屏；当过程层间隔交换机分散组屏时，过程层中心交换机宜按 A1 网＋A2 网、B1 网＋B2 网分别组屏。

3.3.3.17　智能控制柜组屏及布置要求

智能控制柜宜按间隔与一次设备就近布置。放置于继电器及通信室的二次屏柜均采用尺寸为 2260mm（高）×800mm（宽）×600mm（深）的前后开门形式柜体，单列布置。

柜内宜采用空调设备、热交换器、加热器或风扇等温控措施。并采用插拔式快装设计，便于维修维护。如配置空调设备，应确保冷凝水排至柜外并方便维护，出风口避免直吹二次元器件及线槽，以减少中间及柜底区域冷气聚集量，减小温差效应。如配置加热器，通电后表面温度不高于85℃，柜内IED及其他电气部件与加热器之间的距离不应小于80mm。

3.3.3.18 智能录波器组屏及布置要求

1. 管理单元组屏原则

管理单元屏包含管理单元、显示终端及相关网络通信设备。

管理单元应配置显示终端，界面尺寸不小于17英寸，分辨率不低于1024×768。

典型管理单元组屏方案如表4所示。

表4　　　　　　　　　管理单元组屏方案

屏内装置	备注
液晶显示	
管理单元	
鼠标/键盘	
ODF配线架	选配
远传交换机	
纵向加密	
站控层C1网交换机	
站控层C2网交换机	
打印机	选配

2. 采集单元组屏原则

（1）500kV变电站采集单元组屏原则。

500kV电压等级（含线路、断路器、电抗器）采集单元1屏，组屏方案见表5。

表 5　　　　　　　　**500kV 电压等级采集单元 1 屏组屏方案**

屏内装置	备　注
就地显示装置	可与采集单元合并
采集单元	
打印机	选配
ODF 配线架	接入信号：500kV GOOSE（A1/A2）
传感器机箱（1～n）	接入信号：常规模拟量、常规开关量（选配）

500kV 电压等级（含线路、断路器、电抗器）采集单元 2 屏，组屏方案见表 6。

表 6　　　　　　　　**500kV 电压等级采集单元 2 屏组屏方案**

屏内装置	备　注
就地显示装置	可与采集单元合并
采集单元	
打印机	选配
ODF 配线架	接入信号：500kV GOOSE（B1/B2）
传感器机箱（1～n）	接入信号：常规模拟量（选配）、常规开关量（选配）

220kV 电压等级（含线路、母联、分段、旁路）采集单元 1 屏，组屏方案见表 7。

表 7　　　　　　　　**220kV 电压等级采集单元 1 屏组屏方案**

屏内装置	备　注
就地显示装置	可与采集单元合并
采集单元	
打印机	选配
ODF 配线架	接入信号：220kV GOOSE（A1/A2）
传感器机箱（1～n）	接入信号：常规模拟量、常规开关量（选配）

220kV 电压等级（含线路、母联、分段、旁路）采集单元 2 屏，组屏方案见表 8。

表 8　　　　　　　　220kV 电压等级采集单元 2 屏组屏方案

屏内装置	备　　注
就地显示装置	可与采集单元合并
采集单元	
打印机	选配
ODF 配线架	接入信号：220kV GOOSE（B1/B2）、MMS
传感器机箱（1～n）	接入信号：常规模拟量（选配）、常规开关量（选配）

主变采集单元 1 屏，组屏方案见表 9。

表 9　　　　　　　　　主变采集单元 1 屏组屏方案

屏内装置	备　　注
就地显示装置	可与采集单元合并
采集单元	
打印机	选配
ODF 配线架	接入信号：3 侧 GOOSE（A1/A2）
传感器机箱（1～n）	接入信号：常规模拟量、常规开关量（选配）

主变采集单元 2 屏，组屏方案见表 10。

表 10　　　　　　　　　主变采集单元 2 屏组屏方案

屏内装置	备　　注
就地显示装置	可与采集单元合并
采集单元	
打印机	选配
ODF 配线架	接入信号：3 侧 GOOSE（B1/B2）
传感器机箱（1～n）	接入信号：常规模拟量（选配）、常规开关量（选配）

主变采集单元 3 屏（选配），组屏方案见表 11。

表 11 主变采集单元 3 屏组屏方案

屏内装置	备注
就地显示装置	可与采集单元合并
采集单元	
打印机	选配
传感器机箱（1~n）	接入信号：常规模拟量、常规开关量（选配）

（2）220kV 变电站采集单元组屏原则。

220kV 电压等级（含线路、母联、分段、旁路）采集单元 1 屏，组屏方案见表 12。

表 12 220kV 电压等级采集单元 1 组屏方案

屏内装置	备注
就地显示装置	可与采集单元合并
采集单元	
打印机	选配
ODF 配线架	接入信号：220kV GOOSE（A1/A2）
传感器机箱（1~n）	接入信号：常规模拟量、常规开关量（选配）

220kV 电压等级（含线路、母联、分段、旁路）采集单元 2 屏，组屏方案见表 13。

表 13 220kV 电压等级采集单元 2 组屏方案

屏内装置	备注
就地显示装置	可与采集单元合并
采集单元	
打印机	选配

屏内装置	备 注
ODF 配线架	接入信号：220kV GOOSE（B1/B2）
传感器机箱（1～n）	接入信号：常规模拟量（选配）、常规开关量（选配）

110kV 电压等级（含线路、母联、分段、旁路）采集单元 1 屏，组屏方案见表 14。

表 14　　110kV 电压等级采集单元 1 屏组屏方案

屏内装置	备 注
就地显示装置	可与采集单元合并
采集单元	
打印机	选配
ODF 配线架	接入信号：110kV GOOSE（A1/A2）、MMS
传感器机箱（1～n）	接入信号：常规模拟量、常规开关量（选配）

主变采集单元 1 屏，组屏方案见表 15。

表 15　　主变采集单元 1 屏组屏方案

屏内装置	备 注
就地显示装置	可与采集单元合并
采集单元	
打印机	选配
ODF 配线架	接入信号：3 侧 GOOSE（A1/A2）
传感器机箱（1～n）	接入信号：常规模拟量、常规开关量（选配）

主变采集单元 2 屏，组屏方案见表 16。

（3）110kV 变电站采集单元组屏原则。

110kV 电压等级（含线路、母联、分段、旁路）与主变采集单元 1 屏，组屏方案见表 17。

表 16 主变采集单元 2 屏组屏方案

屏内装置	备注
就地显示装置	可与采集单元合并
采集单元	
打印机	选配
ODF 配线架	接入信号：3 侧 GOOSE（B1/B2）
传感器机箱（1~n）	接入信号：常规模拟量（选配）、常规开关量（选配）

表 17 110kV 电压等级与主变采集单元 1 屏组屏方案

屏内装置	备注
就地显示装置	可与采集单元合并
采集单元	
打印机	选配
ODF 配线架	接入信号：3 侧 GOOSE（A1/A2）、110kV 线路 GOOSE（A1/A2）
传感器机箱（1~n）	接入信号：常规模拟量、常规开关量（选配）

主变采集单元 2 屏，组屏方案见表 18。

表 18 主变采集单元 2 屏组屏方案

屏内装置	备注
就地显示装置	可与采集单元合并
采集单元	
打印机	选配
ODF 配线架	接入信号：3 侧 GOOSE（B1/B2）、MMS
传感器机箱（1~n）	接入信号：常规模拟量（选配）、常规开关量（选配）

3.3.4 电气二次设备清册审查要点

各电压等级电气二次设备清册及审查要求如表 19 所示。

表 19　　　　　　　　　　　电气二次设备清册及审查要求

编号	设备清单	规　范　要　求
1	计算机监控系统	500kV 应包含 2 套继电保护工作站、2 套操作员工作站及 1 台五防工作站，110kV～220kV 应包含 1 套继电保护工作站、1 套操作员工作站及 1 套五防工作站，系统应采用符合 POSIX 和 OSF 标准的 LINUX 操作系统
2	远动通信屏	配置 2 套远动机，可实现无缝切换
3	500kV 线路及断路器、500kV 并联电抗器、主变、母差、保护屏	保护双重化配置，安装独立打印机；具有 GPS 对时接口和 3 个以太网接口，通信接口要求双光口
4	智能录波器屏	应配置 2 套管理单元，采集单元按最终规模配置
5	500kV TV 接口屏	独立设屏，全站 TV 一点接地应布置在全站最高电压等级 TV 接口屏，每段母线应分别配置二次消谐装置
6	过程层交换机屏	数据传输路由不应超过 4 个交换机，宜按照每一间隔预留一个备用交换机接口，预留备用接口不宜少于交换机接口总数的 20%；还应至少预留一个级联接口
7	站控层交换机屏	采用 100Mbps 电（光）接口，对于长距离传输的端口应采用光纤以太网口；站控层交换机之间的级联端口宜采用 1000Mbps 光接口。站控层交换机宜采用 24 个 RJ-45 电接口
8	220kV 线路及分段、母差、主变保护屏	保护双重化配置，安装独立打印机；具有 GPS 对时接口和 3 个以太网接口，通信接口要求双光口
9	220kV 接口屏	独立设屏，全站 TV 一点接地应布置在全站最高电压等级 TV 接口屏，每段母线应分别配置二次消谐装置
10	110kV 线路及分段、母差、主变保护屏	保护双重化配置，安装独立打印机；具有 GPS 对时接口和 3 个以太网接口，通信接口要求双光口
11	110kV 接口屏	独立设屏，全站 TV 一点接地应布置在全站最高电压等级 TV 接口屏，每段母线应分别配置二次消谐装置
12	35kV 及 10kV 站用变保护、测控智能终端一体装置	装置具有 GPS 对时接口和 3 个以太网接口
13	10kV 接口屏	独立设屏，全站 TV 一点接地应布置在全站最高电压等级 TV 接口屏，每段母线应分别配置二次消谐装置

3.4 施工设计阶段审查细则

3.4.1 施工图卷册目录

500kV 电压等级施工图卷册目录如表 20 所示。

表 20 500kV 电压等级施工图卷册

编号	图 册 名 称	编号	图 册 名 称
1	500kV 主变二次接线	5	500kV 母差保护及母线设备二次接线
2	500kV 主变二次厂家资料	6	500kV 并联电抗器二次接线
3	500kV 线路及断路器二次接线	7	500kV 接口屏二次接线
4	500kV 部分二次厂家资料	8	500kV 行波测距二次接线

220kV 电压等级施工图卷册目录如表 21 所示。

表 21 220kV 电压等级施工图卷册

编号	图 册 名 称	编号	图 册 名 称
1	220kV 主变二次接线	5	220kV 接口屏二次接线
2	220kV 主变二次厂家资料	6	220kV 部分二次厂家资料
3	220kV 线路二次接线	7	220kV 备自投设备二次接线
4	220kV 母联、分段及母线设备二次接线		

110kV 电压等级施工图卷册目录如表 22 所示。

表 22 110kV 电压等级施工图卷册

编号	图 册 名 称	编号	图 册 名 称
1	110kV 主变二次接线	5	110kV 接口屏二次接线
2	110kV 主变二次厂家资料	6	110kV 二次厂家资料
3	110kV 线路二次接线	7	110kV 备自投设备二次接线
4	110kV 母联、分段及母线设备二次接线		

10kV～35kV 电压等级施工图卷册目录如表 23 所示。

表 23 10kV～35kV 电压等级施工图卷册

编号	图 册 名 称	编号	图 册 名 称
1	35kV 及站用电二次接线	3	10kV 备自投设备二次接线
2	10kV 及站用电二次接线	4	10kV 接口屏二次接线

公用部分施工图卷册目录如表 24 所示。

表 24 公用部分施工图卷册

编号	图 册 名 称	编号	图 册 名 称
1	二次接线总的部分	4	安稳设备二次接线
2	直流系统二次接线	5	微机监控系统信息表
3	智能录波器二次接线		

3.4.2 交流电流回路

3.4.2.1 TA 绕组配置

新建、改扩建工程的设计中，所有与 TA 绕组相关的示意图、原理图和安装图以及主接线图中都应标注极性、TA 变比、容量、准确度等级等参数，并注意核对与厂家资料中的 TA 参数是否一致。特别注意，零序 TA 的配置亦需标注以上参数，以保证采样准确性。

绕组应选用正确，线路保护、母差保护、安稳、故障录波 TA 二次绕组选用 5P 级或暂态特性更优的 TA。断路器失灵保护 TA 二次绕组选用 P 级。测量回路配套 TA 二次绕组选用 0.5 级，计量回路配套 TA 二次绕组选用 0.2S 级。

双重化配置的每套保护电流应分别取自 TA 的不同绕组。

TA 二次绕组应合理分配，保证主一保护的保护范围最大化。

为防止主保护存在动作死区，两个相邻设备保护之间的保护范围应完全交叉；同时应注意避免当一套保护停用时，出现被保护区内故障时的保护动作死区。

为防范 TA 在暂态分量影响下迅速饱和带来的运行风险，110kV 及以上新建变电站宜选用额定二次电流为 1A 的 TA。

对于 500kV 线路保护、母差保护、断路器失灵保护用 TA，二次绕组推荐配置原则：①线路保护宜选用 TPY 级；②母差保护可根据保护装置的特定要求选用适当的 TA；③断路器失灵保护可选用 TPS 级或 5P 等二次电流可较快衰减的 TA，不宜使用 TPY 级。

3.4.2.2　TA 二次回路

电流回路图应能够清晰表示出绕组组别和二次极性、电流走向、回路标号、二次接地点等信息。多个二次设备共用同一交流电流回路时，应按保护、安自、录波装置的顺序依次串接。

TA 的二次回路有且只能有一个接地点。独立的、与其他互感器二次回路没有电的联系的 TA 二次回路，宜在开关场实现一点接地。由几组 TA 组合的电流回路，如各种多断路器主接线的保护电流回路，应在第一级和电流处一点接地，其接地点宜选在控制室。备用 TA 二次绕组，应在开关场短接并一点接地。对于新建变电站或母线保护改造工程，母线保护用 TA 二次绕组在开关场 TA 端子箱一点接地；对于运行站改扩建间隔工程，母线保护用 TA 二次绕组接地点与前期保持一致。

TA 每组二次绕组的相线和中性线应在同一根电缆内。

二次回路设计应避免电缆芯的转接。

3.4.2.3　TA 极性

对 500kV 部分，TA 的 P1 端都朝向母线；边断路器 TA 的 P1 朝向相邻母线，中断路器 TA 的 P1 朝向 1M。

对 220kV、110kV 部分，TA 的 P1 端都朝向母线侧。

对 35kV（66kV）部分，TA 的 P1 端都朝向母线侧。

对于 220kV 变压器中性点套管零序 TA，保护和间隙零序 TA 的 P1 端一致，即 P1 端朝向变压器。

母线保护对 TA 极性的要求为支路（线路、主变、分段）TA 同名端在母线侧，母联 TA 同名端按母线保护要求进行设计。在扩建或改造工程中，应注意使母线保护 TA 二次绕组的极性与前期工程保持一致。

TA 二次绕组出线的表示方法，统一采用在极性端标识 S1 的方式。

3.4.2.4　500kV 部分电流回路特殊条款

为防止 TA 二次绕组内部故障时，本断路器跳闸后故障仍无法切除或断路器失灵保护因无法感受到故障电流而拒动，断路器保护使用的二次绕组应位于两个相邻设备保护装置使用的二次绕组之间。

采用 AIS 设备，线路装设出线或进线隔离开关时，应配置双重化的短引线保护，两套短引线保护合组一面屏，串接在电流回路的第一点。采用罐式断路器、GIS 及 HGIS 设备，线路保护使用串外 TA 时，应配置双重化的 T 区保护，两套 T 区保护合组一面屏，串接在电流回路的第一点。

3.4.2.5　高压并联电抗器回路特殊条款

高抗设备的 TA 回路极性接法容易出错，需要特别注意。高抗差动保护无论采用大电抗的 TA 还是小电抗的 TA，电流极性都是流入电抗的方向。

3.4.2.6　同步相量测量、行波测距电流回路特殊条款

同步相量测量用 TA 二次绕组，采用测量级。

行波测距用 TA 二次绕组，采用保护级。

同步相量测量电流回路一般串接于测控装置后。

3.4.2.7　安稳系统电流回路特殊条款

安稳用 TA 二次绕组，采用保护级。

500kV 线路间隔安稳串接于线路主保护之后。500kV 主变的高压侧安稳可与故障录波共用一组套管 TA 绕组，录波电流串接在安稳后面。

3.4.2.8　10kV 部分电流回路特殊条款

变电站 10kV 各间隔，如同一个开关柜接入多回电缆出线，零序 TA 的接入方式和二次回路必须保证保护装置能采集到各电缆故障时的零序电流。

3.4.3　交流电压回路

3.4.3.1　TV 绕组配置

TV 二次绕组的用途、接线方式、级别、容量、实际使用变比正确，双重化配置的每套保护电压应分别取自 TV 的不同绕组。

TV 端子箱或汇控柜处应配置分相总空气开关，并实现状态监视；各电压等级 TV 的二次绕组序号、对应的准确级及空气开关编号如表 25、表 26 所示。

表 25　　　　　　　　500kV 及以下变电站 TV 二次绕组配置表

绕组序号	500kV 线路、主变、母线、220kV 母线 TV	35kV 母线 TV	500kV 母线 TV（单相）	220kV 线路 TV（单相）
第一个绕组（TV01）	0.2（1MCBa-c）	0.2（1MCBa-c）	0.2（1MCB）	0.5（1MCB）
第二个绕组（TV02）	0.5/3P（2MCBa-c）	0.5/3P（2MCBa-c）	0.5/3P（2MCB）	3P（剩余电压绕组）

绕组序号	500kV 线路、主变、母线，220kV 母线 TV	35kV 母线 TV	500kV 母线 TV（单相）	220kV 线路 TV（单相）
第三个绕组（TV03）	3P（3MCBa-c）	3P（剩余电压绕组）	3P（3MCB）	
第四个绕组（TV04）	3P（剩余电压绕组）		3P（剩余电压绕组）	

当 TV 配置 4 个二次绕组时，对于双重化配置的保护和安全自动装置：第一套保护、安全自动装置与自动化设备共用 TV 的第二个绕组，第二套保护、安全自动装置采用 TV 的第三个绕组；单套配置的保护和安全自动装置，采用 TV 的第二个绕组；故障录波装置采集的三相电压取自 TV 的第三个绕组。

当 TV 配置 3 个二次绕组时，保护、安全自动装置、故障录波装置与自动化设备共用 TV 的第二个绕组。

故障录波装置采集的开口三角电压取自 TV 的剩余电压绕组。

表 26　　　　　　　　220kV 及以下变电站 TV 二次绕组配置表

绕组序号	220kV、110kV 母线 TV	10～35kV 母线 TV	220kV、110kV 线路 TV（单相）
第一个绕组（TV01）	0.2（1MCBa-c）	0.2（1MCBa-c）	0.5（1MCB）
第二个绕组（TV02）	0.5/3P（2MCBa-c）	0.5/3P（2MCBa-c）	3P（剩余电压绕组）
第三个绕组（TV03）	3P（3MCBa-c）	3P（剩余电压绕组）	
第四个绕组（TV04）	3P（剩余电压绕组）		

220kV、110kV 线路保护和测控装置用的同期电压均取自线路 TV（单相）的第一个绕组的电压。

3.4.3.2　TV 二次回路

来自开关场的母线 TV 二次回路的 4 根引入线和互感器开口三角绕组的 2

根引入线均应使用各自独立的电缆，不得共用。开口三角绕组的 N 线与星形绕组的 N 线分开。

对于 TV 安装在母线，线路侧安装单相 TYD 接线方式，线路 TYD 电压回路应配置单相空气开关，保护同期电压宜采用 60V 绕组，线路电压继电器和验电锁电压宜采用 100V 绕组。线路 TYD 二次回路各绕组必须有且只有一个接地点。

TV 每组二次绕组的相线和中性线应在同一根电缆内。

TV 的二次回路只允许有一点接地。经继电器室零相小母线（N600）连通的几组 TV 二次回路，应在继电器室将 N600 一点接地，各 TV 的中性线不得接有可能断开的断路器或接触器等。独立的、与其他互感器二次回路没有直接电气联系的 TV 二次回路，可以在继电器室也可以在开关场实现一点接地。

已在控制室一点接地的 TV 二次绕组，可在开关场将二次绕组中性点经氧化锌阀片接地，氧化锌阀片击穿电压峰值应大于 30ImaxV（220kV 及以上系统中击穿电压峰值应大于 800V）。其中 Imax 为电网接地故障时通过变电所的可能最大接地电流有效值，单位为 kA。

各类 TV 接口屏、并列柜、端子箱中的端子排上电压各绕组和 A、B、C、N 各相回路之间，宜设置一个空端子或隔片进行隔离。

TV 二次电压回路中串接的接点应采用母线隔离刀闸辅助接点，禁止使用重动继电器接点。220kV 及以下 TV 二次绕组电压回路设计应先经电压二次空气开关，再经 TV 隔离刀闸辅助触点输出至 TV 接口屏，二次绕组或三次绕组的 N 线不得经任何空气开关、隔离刀闸辅助触点或重动接点输出至 TV 接口屏。

新建变电站开口三角电压采用二次绕组首尾相连，其中 a 相极性端作为开口组 L，c 相非极性端作为开口组 N，各段母线保持一致；扩建母线段，其开口三角电压 L/N 的极性与前期其他母线段保持一致。

TV 备用二次绕组宜引至端子箱，其中性线在各自端子箱处一点接地。双套配置的 500kV 断路器保护，其同期电压宜分别取自两个不同保护二次绕组。

3.4.3.3　电压空气开关要求

220kV、110kV 母线 TV 的二次绕组序号和空气开关编号对应,宜按下列顺序排列：0.2（TV01、1MCBa-c）、0.5/3P（TV02、2MCB）、3P（TV03、3MCB）、3P（TV04）（剩余电压绕组）。

220kV、110kV 线路 TV（单相）的二次绕组序号和空气开关编号对应,宜按下列顺序排列：0.5（TV01、1MCB）,3P（TV02）（剩余电压绕组）。

新投运 TV 的二次绕组二次电压回路采用分相总空气开关,并实现有效监视。对于已投入运行的母线 TV 二次三相联动空开,结合检修、技改等逐步进行更换；配置备自投装置且线路可能轻载的厂站应优先更换。

3.4.3.4　电压切换回路

电压切换回路标准示例如图 1 所示。

（1）保护电压切换。

电压切换继电器应使用双线圈磁保持继电器。

电压切换继电器（双线圈磁保持继电器）开入回路应使用对应母线隔离刀闸的一副常开辅助接点启动励磁线圈、一副常闭辅助接点复归返回线圈。

二次电压切换回路应使用双线圈磁保持继电器的保持接点。

"切换继电器同时动作"信号回路应使用双线圈磁保持继电器的保持接点。

"切换继电器失压/TV 失压/切换回路断线"信号回路应使用隔离刀闸常开接点启动的常规继电器不保持接点。

断路器启动失灵回路宜使用双线圈磁保持继电器的保持接点。

（2）计量电压切换。

计量屏上只安装电能表和实验接线盒。计量电压可采用保护电压切换或独立的继电器进行切换。

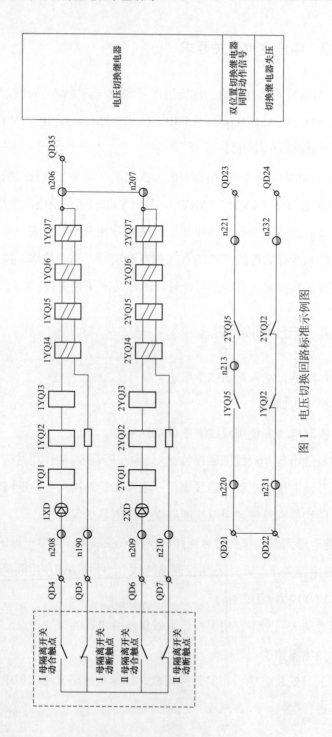

图 1 电压切换回路标准示例图

计量电压采用保护电压切换时，统一采用线路主二保护屏上的电压切换回路，包括切换电源、隔离开关接点及切换继电器。

电压回路在切换过程中，不应产生 TV 二次回路反充电。

3.4.3.5 电压并列回路

电压并列回路标准示例如图 2 所示。

新建工程，电压并列继电器采用单位置继电器；当电压并列继电器采用双位置继电器时，TV 并列回路设计时注意：将分列把手的接点与母联（分段）间隔的分位并列，使双位置继电器既能被母联（分段）分位自动复归，又能通过分列把手手动复归。

TV 并列回路中，各 TV 电压回路中串联的 TV 刀闸合位，应优先采用隔离开关辅助接点。

对 TV 的每组二次绕组，其电压并列与电压切换用的直流电源应取自同一段直流母线。

双重化配置的 TV 并列回路直流供电电源应分别取自不同直流母线段。

电压并列回路采用标准设计并遵循下述原则：

（1）由于遥控并列、解列为瞬动命令，需使用双位置继电器重动。

（2）手动转换把手和母联（分段）合上共同完成电压并列。

（3）母联（分段）跳开或者手动断开把手并列接点均可完成电压解列。

各电压等级的保护、监控用电压回路宜采用 TV 隔离开关或 TV 隔离小车的辅助接点进行切换，220kV、110kV 的计量电压回路宜采用并列屏继电器重动接点进行切换，如 TV 隔离开关有足够的辅助接点，可采用辅助接点进行切换，但应采用两对辅助接点并联的方式，以减少接触电阻。

TV 并列装置允许并列接点开入回路必须由母联开关合位接点、母联刀闸合位接点、TV 并列把手 KK 接点三者串联组成。

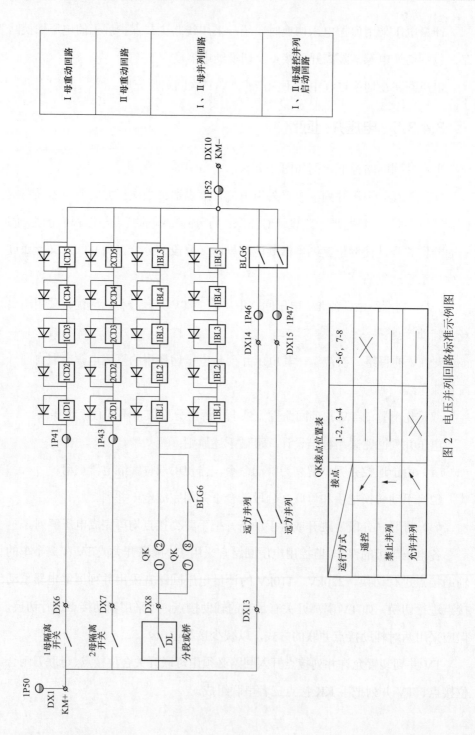

图 2 电压并列回路标准示例图

3.4.3.6　电压监视继电器

TV 接口屏内保护、计量及开口三角电压回路应配置电压监视功能，保护及计量电压监视继电器应使用欠压继电器，开口三角电压监视继电器应使用过压继电器。欠（过）压继电器应具备动作定值及时间定值整定功能。

3.4.4　电源回路

3.4.4.1　直流电源回路技术要求

使用具有切断直流负载能力的、不带热保护的小空气开关取代原有的直流熔断器，小空气开关的额定工作电流应按最大动态负荷电流（即保护三相同时动作、跳闸和收发信机在满功率发信的状态下）的 1.5～2.0 倍选用。

由不同熔断器供电或不同专用端子对供电的两套保护装置的直流逻辑回路间不允许有任何电的联系，如有需要，必须经空接点输出。

3.4.4.2　直流电源回路配置原则

双重化配置的保护所采用的直流电源应取自不同段直流母线，且两组直流之间不允许采用自动切换。

双重化配置的两套保护与断路器的两组跳闸线圈一一对应时，其保护电源和控制电源必须取自同一组直流电源。

控制电源与保护电源直流供电回路必须分开。

不同的保护装置应采用各自独立的直流电源自动空气开关。一套保护的全部直流回路包括跳闸出口继电器的线圈回路，都必须且只能从这一路直流电源空开下获取直流电源。

所有的独立保护装置都必须设有直流电源断电的自动报警回路。

布置在通信机房的保护通道接口设备应采用通信机房设备电源（48V）；通信机房直流电源应双重化；电源回路应具有监视和告警回路。

每条 220kV 线路的两个通道，保护接口装置、通信设备、光缆或直流电源等任何单一故障不应导致同一条线路的所有保护通道同时中断。

不同保护通道使用的通信设备的直流电源应满足以下要求：

（1）保护通道采用两路复用光纤通道时，采用单电源供电的不同的光端机使用的直流电源应相互独立；对于使用两路电源供电的光端机，应优先采用相互独立的两路电源供电，并防止工作过程中出现两路直流电源短接的状态。

（2）保护通道采用一路复用光纤通道和一路复用载波通道时，采用单电源供电的光端机与载波机使用的直流电源应相互独立。

（3）保护通道采用两路复用载波通道时，不同载波机使用的直流电源应相互独立。

在具备两套通信电源的条件下，保护的数字接口装置使用的直流电源应满足以下要求：

（1）通信设备使用单直流电源时，保护的数字接口装置应与提供该通道的通信设备使用同一路（同一套）直流电源；通信设备使用双直流电源时，两路电源应引自不同的直流电源。

（2）220kV 线路两套保护接口装置使用的直流电源应相互独立。

信号回路由专用直流空气开关（直流熔断器）供电，不得与其他回路混用。

由一组保护装置控制多组断路器（例如母线差动保护、变压器差动保护、发电机差动保护、线路横联差动保护、断路器失灵保护等）和各种双断路器的变电站接线方式中，每一断路器的操作回路应分别由专门的直流空气开关（直流熔断器）供电，保护装置的直流回路由另一组直流空气开关（直流熔断器）供电。

有两组跳闸线圈的断路器，其每一个跳闸回路应分别由专用的直流空气开关（直流熔断器）供电。

只有一套主保护和一套后备保护的，主保护与后备保护的直流回路应分别由专用的直流空气开关（直流熔断器）供电。

3.4.4.3 直流电源回路接线原则

接到同一熔断器（直流空开）的几组继电保护直流回路的接线原则：

（1）每一套独立的保护装置，均应有专用于直接到直流空气开关（直流熔断器）正负极电源的专用端子对，这一套保护的全部直流回路包括跳闸出口继电器的线圈回路，都必须且只能从这一对专用端子取得直流的正、负电源。

（2）不允许一套独立保护的任一回路（包括跳闸继电器）接到另一套独立保护的专用端子对引入的直流正、负电源。

（3）如果一套独立保护的继电器及回路分装在不同的保护屏上，同样也必须只能由同一专用端子对取得直流正、负电源。

3.4.4.4 直流电源回路注意事项

为防止因直流空气开关（直流熔断器）不正常熔断而扩大事故，应注意做到：

（1）直流总输出回路、直流分路均装设熔断器时，直流熔断器应分级配置，逐级配合。

（2）直流总输出回路装设熔断器，直流分路装设小空气开关时，必须确保熔断器与小空气开关有选择性地配合。

（3）直流总输出回路、直流分路均装设小空气开关时，必须确保上、下级小空气开关有选择性地配合。

3.4.4.5 交流电源回路配置原则

所有二次屏柜都不装照明灯，装有打印机的保护屏和录波屏要引入交流电源。

二次屏柜所需交流电源，直接从二次交流屏引接，不考虑双回路供电。

屏与屏之间通过电缆并接取得电源。

打印机建议取 UPS 电源，防止全站失压时无法打印。

3.4.5 断路器及刀闸回路

3.4.5.1 断路器回路

对经长电缆跳闸的回路，要采取防止长电缆分布电容影响和防止出口继电器误动的措施，如采取不同用途的电缆分开布置、增加出口继电器动作功率，或通过光纤跳闸通道传送跳闸信号等措施。

双重化配置的保护应动作于断路器的不同跳闸线圈：主一保护动作于第一组跳闸线圈，主二保护动作于第二组跳闸线圈。对于 10kV～110kV 断路器可只接一组跳闸线圈。

操作机构的"远方/就地"切换把手置就地，在就地分合断路器，保护及测控不能分合断路器。"远方/就地"切换把手置远方，由保护及测控分合断路器。

保护跳、合闸回路要求：TWJ 监视应能监视"远方/就地"切换把手、断路器辅助接点、合闸线圈等完整的合闸回路；HWJ 监视应能监视"远方/就地"切换把手、断路器辅助接点、跳闸线圈等完整的跳闸回路。

非机械联动断路器的合闸回路应采用分相合闸方式，断路器的三相联动由继电保护装置实现；断路器合闸回路监视采用 TWJ 分相监视，且 TWJ 应能监视包括"远方/就地"切换把手、断路器辅助接点、合闸线圈等的完整合闸回路。

对于分相的断路器操作机构，应在每相分、合闸控制回路中分别串接同一个远方/就地切换开关的不同接点。

220kV 及以上电压等级的断路器均应配置断路器本体的三相位置不一致保护并投入运行。考虑到断路器三相位置不一致保护主要功能是提供保护断路器本体的功能，有电气量闭锁的保护在某些条件下无法提供保护，本着断路器的问题断路器自己解决的原则应配置断路器本体的三相不一致保护。

有两路本体三相不一致跳闸回路的，保证操作电源与回路一一对应，保证两路三相不一致均可动作。

断路器本体三相不一致回路应该采取防误动设计。断路器本体三相不一致保护安装在开关场地，运行条件较为恶劣，受电磁干扰、高温、高湿、振动等条件的影响，容易造成单个元器件失效而导致断路器本体三相不一致保护的误动，断路器本体三相不一致保护宜采用图 3 的设计方式，时间继电器和中间继电器接点的正电端接到开关常闭辅助接点之后，避免正常运行时时间继电器或中间继电器误动导致开关误跳闸的风险。

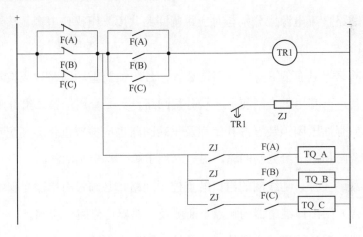

图 3　机构三相不一致接线原理图

操作箱和断路器本体的防跳回路应且只应使用其中一套，优先使用断路器机构防跳。对于采用机构箱本体防跳的控制回路，工程设计统一回路为：TWJ 监视回路中要串接一副 QF 分闸位置辅助接点和一副机构箱防跳继电器的常闭接点，再接至操作箱合闸回路输出端子。对于采用保护操作箱防跳，或者远方采用保护操作箱防跳、就地采用机构本体防跳的控制回路，将保护操作箱跳位监视回路与合闸回路在保护屏直接并接。

为防范操作箱（含操作插件）错误使用断路器闭锁接点导致断路器拒动风

险，明确操作箱的断路器闭锁接点接入原则：

（1）采用油压、气压作为操动机构的断路器，压力低闭锁重合闸接点应接入操作箱。

（2）操作箱接入断路器压力低闭锁接点后，应能保证正常状态下可靠切除永久故障（对于线路保护应满足"分—合—分"动作要求）；断路器弹簧机构未储能接点不得闭锁跳闸回路。

（3）对断路器机构本体配置了相应的压力低闭锁跳、合闸回路的新投运保护设备，应取消串接在操作箱跳合闸控制回路中的压力接点。

220kV 及以上断路器应具备两组独立的断路器跳闸压力闭锁回路，且两组压力闭锁回路直流电源应分别与对应跳闸回路共用一组操作电源。核对厂家资料时注意：

（1）断路器具有低 SF_6 压力闭锁装置，且闭锁及重动回路均应按双重化原则配置两套，一套用于合闸和第一组分闸回路，另一套用于第二组分闸回路。

（2）如有油压闭锁装置，其闭锁及重动回路也应按双重化原则配置两套，一套用于合闸和第一组分闸回路，另一套用于第二组分闸回路。

断路器跳（合）闸线圈的出口触点控制回路，必须设有串联自保持回路，保证跳（合）闸出口继电器的触点不断弧及断路器可靠跳、合闸。

断路器采用弹簧机构方式的，开关控制回路中，跳闸位置继电器应监视到开关储能接点，以便完整监视合闸回路的完好性。

断路器采用弹簧机构方式的，开关控制回路中，跳闸位置继电器应监视到开关储能接点，以便完整监视合闸回路的完好性。

弹簧操动机构的断路器，储能电机的工作电源宜采用交流电源，不能以弹簧未储能接点切断合闸回路电流，当无法满足而采用重动时，储能接点重动回路应采用直流电源。

合闸回路与跳闸位置监视的连接应便于断开，端子按合闸回路与跳闸位置监视依次排列；跳闸回路与合闸位置监视应固定连接，端子按跳闸回路与合闸位置监视依次排列。

操作箱串接在跳、合闸回路中的断路器机构压力接点前后应引上端子，方便取消。

弹簧操作机构的断路器，储能电机的工作电源宜采用交流电源，不能以弹簧未储能接点切断合闸回路电流，当无法满足而采用重动时，储能接点重动回路应采用直流电源。

合闸回路与跳闸位置监视的连接应便于断开，端子按合闸回路与跳闸位置监视依次排列；跳闸回路与合闸位置监视应固定连接，端子按跳闸回路与合闸位置监视依次排列。

操作箱串接在跳、合闸回路中的断路器机构压力接点前后应引上端子，方便取消。

禁止使用操作箱的直流切换功能。

3.4.5.2　刀闸回路

变压器变高中性点接地刀闸、变中中性点接地刀闸操作回路须满足遥控操作功能。控制电源和动力电源应采用直流电源。

主变中性点地刀操控回路应独立设计，控制电源不得与其他设备的控制电源混用。

3.4.6　联锁回路

3.4.6.1　总体原则

联锁回路总的设计原则应与"五防"要求相一致。

3.4.6.2　断路器联锁回路逻辑

远方分合闸和就地分闸操作无闭锁条件。开关就地合闸应受开关两侧刀闸闭锁，即当开关两侧刀闸均处于分位时，开关才允许就地合闸。

3.4.6.3　隔离开关联锁回路逻辑

对于双母线类接线，只有母联断路器（对于分相操作的母联断路器，其三相应全部合上）及其两侧隔离开关全部合上时才允许倒母线。

除倒母线外，断路器间隔内的隔离开关应在断路器分闸后才能分合闸。合隔离开关时，隔离开关两侧接地开关应分开。

旁路断路器间隔的旁路隔离开关，必须在旁路断路器分开，旁路母线接地开关分开的状态下才能合闸。

非旁路断路器间隔的旁路隔离开关，必须在旁路断路器分开、旁路母线上所有接地开关分开、所在间隔线路侧接地开关（主变各侧接地开关）在分开的状态下才能合闸。

母线合上接地开关后，母线上的各隔离开关、小车均不能合上。

主变任意一侧隔离开关应受主变其他侧接地开关闭锁。

3.4.6.4　接地开关联锁回路逻辑

主变中性点接地开关无条件分合闸。

合接地开关时，与接地开关直接相连或经断路器、主变、接地变/站用变、电缆等连接的隔离开关必须在分闸位置、小车必须在试验位置。

母线上的所有隔离开关拉开后，才能合上母线接地开关。

线路如果有带电闭锁装置或闭锁接点，则合线路接地开关时，除与接地开关直接相连或经断路器连接的隔离开关必须在分闸位置、小车必须在试验位置外，还必须判断所在的线路不带电，联锁回路应含有线路抽取电压空气开关的常开接点。

电容器与串联电抗器之间、电容器中性点的接地开关的闭锁逻辑与电容器组进线接地开关的规则相同。

3.4.6.5　网门闭锁逻辑

一般要求网门内设备的所有有电荷或有来电可能的地方都要接地，才能打开网门。包括站用变（或接地变）的两侧，电容器组的进线侧和中性点位置均要接地。

3.4.7　录波及信号回路

3.4.7.1　总体原则

为充分利用故障录波手段，更好地开展运行分析，发现隐患，查明事故原因，同一设备的模拟量与开关量宜接入同一录波器中。

3.4.7.2　录波原则

模拟量是故障录波的基本信息，所有 220kV 及以上电气模拟量必须录波，并宜按照 TV、TA 装设位置不同分别接入。其中应特别注意：

（1）安装在不同位置的每一组三相 TV，均应单独录波，同时还应接入外接零序电压。

（2）变压器不仅需录取各侧的电压、电流，还应录取公共绕组电流、中性点零序电流和中性点零序电压。电抗器应参照变压器选取模拟量录波。

（3）母联、分段以及旁路开关，应录取其电流。

（4）3/2 接线、角形接线或双断路器接线，宜单独录取断路器电流。

开关量变位情况是故障录波的重要信息，接入录波器的开关量应包括保护出口信息、通道收发信情况以及开关变位情况等。其中应特别注意：

（1）任意保护的逻辑功能出口跳闸，均应在录波图的开关量中反映。对于独立出口继电器的单一逻辑功能，宜单独接入录波。对于多项逻辑功能共用多组出口继电器的，可选用一组开关量接入录波器。

（2）220kV 及以上的断路器，每相开关的跳、合位均应分别录波，宜选用开关辅助接点接入。

（3）操作箱中的手跳、三跳、永跳继电器的接点变位宜接入故障录波，便于事故分析。

（4）保护跳闸、开关位置等重要开关量的变位应启动录波。

（5）为了便于分析交直流串扰引起的保护跳闸，在保证安全的前提下，宜录取保护使用的直流母线电压。

3.4.7.3　信号回路

断路器双位置：

500kV 断路器双位置信号示例见表 27。

表 27　　　　　　　　　　500kV 断路器双位置信号名称表

序号	名　　称
1	500kV 第一串联络 5012 断路器 A 相合位
2	500kV 第一串联络 5012 断路器 A 相分位
3	500kV 第一串联络 5012 断路器 B 相合位
4	500kV 第一串联络 5012 断路器 B 相分位
5	500kV 第一串联络 5012 断路器 C 相合位
6	500kV 第一串联络 5012 断路器 C 相分位
7	500kV 第一串联络 5012 断路器合位
8	500kV 第一串联络 5012 断路器分位

220kV 断路器双位置信号示例见表 28。

表 28　　　　　　　　　　220kV 断路器双位置信号名称表

序号	名　　称
1	220kV 母联 2012 断路器 A 相合位
2	220kV 母联 2012 断路器 A 相分位
3	220kV 母联 2012 断路器 B 相合位
4	220kV 母联 2012 断路器 B 相分位

序号	名 称
5	220kV 母联 2012 断路器 C 相合位
6	220kV 母联 2012 断路器 C 相分位
7	220kV 母联 2012 断路器合位
8	220kV 母联 2012 断路器分位

110kV 断路器双位置信号示例见表 29。

表 29   110kV 断路器双位置信号名称表

序号	名 称
1	110kV 旁路 1031 断路器合位
2	110kV 旁路 1031 断路器分位

隔离开关、接地开关双位置信号示例见表 30。

表 30   隔离开关、接地开关双位置信号名称表

序号	名 称
1	500kV××线 50111 隔离开关合位
2	500kV××线 50111 隔离开关分位
3	#1 主变变高 501167 接地开关合位
4	#1 主变变高 501167 接地开关分位

SF_6 报警信号示例见表 31。

表 31 SF_6 报警信号名称表

序号	名 称
1	220kV 母联 2012 断路器 SF_6 低气压报警
2	220kV 母联 2012 断路器 SF_6 低气压闭锁分合闸
3	220kV 母联 2012 间隔气室 1 低气压报警
4	220kV 母联 2012 间隔气室 2 低气压报警
5	220kV 母联 2012 间隔气室 3 低气压报警

线路失压信号示例见表 32。

表 32   线路失压信号名称表

序号	名 称
1	500kV××线路 TV 空开跳闸
2	500kV××线路 TV 计量电压消失
3	500kV TV 接口屏××线路单元直流电源消失
4	220kV××线路××TYD 失压
5	220kV××线路××TYD 空开跳闸

断路器本体信号示例见表 33。

表 33   断路器本体信号名称表

序号	名 称
1	500kV××线 5011 断路器远方操作
2	500kV××线 5011 断路器就地操作
3	500kV××线 5011 断路器间隔刀闸远方操作
4	500kV××线 5011 断路器间隔刀闸就地操作
5	500kV××线 5011 断路器油压低闭锁合闸
6	500kV××线 5011 断路器油压低闭锁分闸
7	500kV××线 5011 断路器油压低闭锁分合闸
8	500kV××线 5011 断路器油位低报警
9	500kV××线 5011 断路器油压低报警
10	500kV××线 5011 断路器油泵过负荷报警
11	500kV××线 5011 断路器油泵超时报警
12	500kV××线 5011 断路器油泵异常（所有电压等级）
13	500kV××线 5011 断路器本体三相不一致动作
14	500kV××线 5011 断路器本体非全相运行
15	500kV××线 5011 断路器电机电源故障
16	500kV××线 5011 断路器间隔刀闸控制电源故障
17	500kV××线 5011 断路器间隔刀闸电机电源故障

序号	名　称
18	500kV××线 5011 断路器间隔刀闸马达过负荷报警
19	500kV××线 5011 断路器汇控柜信号指示电源故障
20	500kV××线 5011 断路器汇控柜加热照明电源故障

保护动作、装置故障、操作箱等信号示例见表 34。

表 34　　　　　　保护动作、装置故障、操作箱等信号名称表

序号	名　称
1	220kV××线路××主一保护动作
2	220kV××线路××主一保护重合闸动作
3	220kV××线路××主一保护装置异常
4	220kV××线路××主一保护装置故障
5	220kV××线路××主一保护通道告警
6	220kV××线路××主一保护电压切换继电器同时动作
7	220kV××线路××主一保护电压切换回路电源消失
8	220kV××线路××断路器操作箱非全相运行
9	220kV××线路××断路器第一组控制回路断线
10	220kV××线路××断路器第二组控制回路断线
11	220kV××线路××断路器第一组控制电源消失
12	220kV××线路××断路器第二组控制电源消失
13	220kV××线路××断路器压力低闭锁重合闸
14	220kV××线路××保护第一组出口跳闸
15	220kV××线路××保护第二组出口跳闸
16	220kV××线路××操作箱重合闸动作
17	220kV××线路××事故总
18	220kV××线路××主二保护动作
19	220kV××线路××主二保护重合闸动作
20	220kV××线路××主二保护装置异常

序号	名　　称
21	220kV××线路××主二保护装置故障
22	220kV××线路××主二保护通道告警
23	220kV××线路××辅助保护动作
24	220kV××线路××辅助保护装置异常
25	220kV××线路××辅助保护装置故障
26	220kV××线路××主二保护电压切换继电器同时动作
27	220kV××线路××主二保护电压切换回路电源消失

对新建和扩建工程施工图设计，所有间隔的分相断路器的位置信号采集，除原设计的各相常开、常闭接点接入监控外，另增加三相常开串联接点、三相常闭并联接点至监控。

操作箱、断路器机构箱的三相不一致信号都要发至测控单元，若测控屏有足够端子，则分开发信；若测控屏开入端子不够，可在测控屏上将这两个信号并接为一个信号。

信号回路原理图中的测控装置框图中可不标注端子号，但必须注明该测控装置所在继电器室（二次设备分散布置时）和所在屏柜名称以及装置编号。

电压切换相关信号应遵守以下设计规范：

（1）"切换继电器同时动作"信号回路应使用双线圈磁保持继电器的保持接点。

（2）"切换继电器失压/TV失压/切换回路断线"信号回路应使用隔离刀闸常开接点启动的常规继电器不保持接点。

3.4.8　保护通道

3.4.8.1　配置原则

线路保护通道的配置应符合双重化原则，保护接口装置、通信设备、光缆或直流电源等任何单一故障不应导致同一条线路的所有保护通道同时中断。

（1）保护通道设备电源（如 FOX-41A，放置在通信机房设备除外）应与对应的保护装置电源共用一组直流电源，二者在保护屏上通过直流空气开关分开供电。

（2）采用双光纤通道的保护，两个通道的数字接口装置使用的直流电源应相互独立，分别取自不同通信电源馈线屏空开；采用一路光纤和一路载波的双通道保护，其光纤通道的数字接口装置与载波机使用的直流电源应相互独立，分别取自不同通信电源馈线屏空开。不同保护的数字接口装置或载波机电源可以取自通信电源馈线屏的同一空开，在本屏通过直流空气开关分开供电。

3.4.8.2　接口装置要求

两个远跳通道的保护数字接口装置使用的直流电源应相互独立。

光纤通道和载波通道的保护接口装置使用的直流电源应相互独立。

3.4.8.3　相互配合原则

保护装置主一保护和主二保护的约定原则如下。

（1）一套是光纤通道，另一套应急通道是高频载波时：

光纤通道——主一保护。

高频载波——主二保护。

（2）一套是分相电流差动保护，另一套是集成纵联距离的光纤电流差动保护时：

分相电流差动保护——主一保护。

集成纵联距离的光纤电流差动保护——主二保护。

（3）两套保护均采用分相电流差动保护，而一套是专用光纤通道，另一套是复用光纤通道时：

专用光纤通道——主一保护。

复用光纤通道——主二保护。

保护装置通道一和通道二的约定原则如下。

（1）对于500kV线路纵联保护，如是双通道的，分别命名为"通道一"和"通道二"；如是单通道，则直接命名为"通道"。一般情况下，"通道一"和"通道二"接入通信通道的顺序原则为先光纤后载波、先本线光纤后相邻线光纤、先直达光纤通道后迂回光纤通道、先500kV OPGW后220kV OPGW、先短路径后长路径，具体如下：

双通道分别采用光纤和载波时，保护通道一接光纤通道，保护通道二接载波通道；双通道采用两路专用光纤芯时，若一路接本线路的纤芯，另一路接相邻线的纤芯，则保护通道一接本线纤芯，保护通道二接相邻线纤芯；双通道分别采用专用光纤芯和复用2M光纤通道时，保护通道一接专用光纤芯，保护通道二接复用2M光纤通道；双通道分别采用一路直达复用2M光纤通道和一路迂回复用2M光纤通道时，保护通道一接直达复用2M光纤通道，保护通道二接迂回复用2M光纤通道；双通道采用两路迂回复用2M光纤通道时，保护通道一接路径短的或经500kV OPGW迂回的复用2M光纤通道，保护通道二接路径长的或经220kV OPGW迂回的复用2M光纤通道。

（2）保护装置内部的通道名称采用通道一、通道二的，将保护装置内的通道一接供该保护使用的通道一，保护装置内的通道二接供该保护使用的通道二；保护装置内部的通道名称采用其他的，则装置内编号排在前的通道接供该保护使用的通道一，编号排在后的通道接供该保护使用的通道二，如RCS-931DMM的通道A接通道一、通道B接通道二，PSL603GW差动Ⅰ的通道接通道一、差动Ⅱ的通道接通道二。

3.4.9　二次回路标号原则

3.4.9.1　总体标号原则

同一组交流电流、电压回路应在回路号前增加前缀A/B/C以区分按相标号的回路；直流控制、输入回路，宜在回路号后增加后缀 A/B/C 以区分按相标号的回路；双重化配置的两套设备，相同功能的回路，标号不应相同；回路标号中不宜含有括号；扩建工程采用原回路号。

3.4.9.2 交流电流回路标号原则

交流电流回路标号示例见表 35。

TA 端子箱至 TA 本体接线盒的电流回路号，统一按相别＋绕组序号＋绕组极性端（非极性端）的原则命名，如 A1S1、A2S2、A3S3 等，在端子箱直观反映本体接线盒的接线情况。

表 35　　　　　　　　　　交流电流回路标号名称表

回路名称	用途	A 相	B 相	C 相	中性线	零序
电流回路	T51-1 T51-2 T21-1 T21-2 T31-1 T31-2 T21-1 T21-2 T11-1 T11-2 T41-1 T41-2	A5111～A5119 A5121～ A5129A2111 ～A2119 A2121～ A2129A3111 ～A3119 A3121～A3129 A2111～A2119 A2121～ A2129A1111 ～A1119 A1121～ A1129A4111 ～A4119 A4121～A4129	B5111～B5119 B5121～ B5129B2111 ～B2119 B2121～ B2129B3111 ～B3119 B3121～B3129 B2111～B2119 B2121～ B2129B1111 ～B1119 B1121～ B1129B4111 ～B4119 B4121～B4129	C5111～C5119 C5121～ C5129C2111 ～C2119 C2121～ C2129C3111 ～C3119 C3121～C3129 C2111～C2119 C2121～ C2129C1111 ～C3119 C1121～ C3129C4111 ～C4119 C4121～C4129	N5111～N5119 N5121～ N5129N2111 ～N2119 N2121～ N2129N3111 ～N3119 N3121～N3129 N2111～N2119 N2121～ N2129N1111 ～N1119 N1121～ N1129N4111 ～N4119 N4121～N4129	L5111～L5119 L5121～ L5129L2111 ～L2119 L2121～ L2129L3111 ～L3119 L3121～L3129 L2111～L2119 L2121～ L2129L1111 ～L1119 L1121～ L1129L4111 ～L4119 L4121～L4129

备注：全站各电压等级电流回路的回路号用四位数表示。第 1 位为电压等级代号（500kV：5；220kV：2；110kV：1；35kV：3；10kV：4）；第 2 位为该 TA 的编号；第 3 位为该 TA 的二次绕组编号；第 4 位为该电流回路的次序号。

所有与 TA 绕组相关的示意图、原理图和安装图都应标注极性和准确度等级，并注意核对与主接线、厂家资料中 TA 参数是否一致。

3.4.9.3 交流电压回路标号原则

交流电压回路标号示例见表 36。

表 36 交流电压回路标号名称表

回路名称	用途	A 相	B 相	C 相	中性线	零序
保护及测量 电压回路	T1 T2 T3	A611～A619 A621～A629 A631～A639	B611～B619 B621～B629 B631～B639	C611～C619 C621～C629 C631～C639	N611～N619 N621～N629 N631～N639	L611～L619 L621～L629 L631～L639
未经切换的 TV 回路	TV01 TV09	A611～A619 A691～A699	B611～B619 B691～B699	C611～C619 C691～C699	N611～N619 N691～N699	L611～L619 L691～L699
经隔离开关 辅助接点或 继电器切换 后的电压 回路	500kV 110kV 220kV 35kV 6～10kV	A（B、C、L）750～759、N600 A（B、C、L）710～719、N600 A（B、C、L）720～729、N600 A（B、C、L）730～739、N600 A（B、C、L）760～769、N600				
电压小母线	1M 2M 3M（5M） 4M（6M）	A（B、C、L）630Ⅰ（Ⅱ、Ⅲ）－1（2、3、4）； A（B、C、L）640Ⅰ（Ⅱ、Ⅲ）－1（2、3、4）； A（B、C、L）650Ⅰ（Ⅱ、Ⅲ）－1（2、3、4）； A（B、C、L）660Ⅰ（Ⅱ、Ⅲ）－1（2、3、4）				

备注：括号内的母线标号用于 220kV 和 110kV 的双母双分段接线，Ⅰ（Ⅱ、Ⅲ）表示该回路所处的
站内电压等级，1（2、3、4）表示 TV 二次绕组的序号

母线电压回路编号示例见表 37。

表 37 母线电压回路编号名称表

变电站电压等级	母线电压等级	母 线 编 号
500kV	500kV	1M.2M
	220kV	1M.2M.5M.6M
	66kV（双分支）	1Ma.1Mb.2Ma.2Mb.3Ma.3Mb.4Ma.4Mb
	35kV	与主变的序号对应，1M.2M.3M.4M 双分支接线按 Ma.Mb 编号
220kV	220kV/110kV	1M.2M.5M.6M
	220kV 旁路	3M
	10kV	与主变的序号对应，1M.2M.3M.4M 双分支接线按 Ma.Mb 编号

备注：该表仅列 220kV 及以上变电站母线电压回路编号示例

TV 二次绕组序号和微型断路器编号排列顺序见表 38。

表 38　　　　　　TV 二次绕组序号和微型断路器编号排列顺序表

TV 安装位置	二次绕组序号和微型断路器编号排列顺序
500kV 母线	0.2（TV01、1MCB），0.5/3P（TV02、2MCB），3P（TV03、3MCB），3P（TV04）
500kV 线路	0.2（TV01、1MCB），0.5（TV02、2MCB），3P（TV03、3MCB），3P（TV04、4MCB）
500kV 主变高压侧/ 220kV 母线	0.2（TV01、1MCB），0.5/3P（TV02、2MCB），3P（TV03、3MCB），3P（TV04）
220kV 线路（单相）	0.5（TV01、1MCB），3P（TV02）

备注：该表仅列 220kV 及以上变电站母线电压回路编号示例

　　TV 端子箱至 TV 本体接线盒的电压回路号，统一按相别＋绕组序号＋绕组极性端（非极性端）的原则命名，如 A1a、A1n、B2a、B2n、Cda、Cdn 等，在端子箱直观反映本体接线盒的接线情况。

3.4.9.4　直流回路标号原则

直流回路标号示例见表 39。

表 39　　　　　　　　　直流回路标号名称表

序号	回路名称	回路标号			
		I	II	III	IV
1	直流控制电源回路	L1±	L2±	L3±	———
2	直流保护电源回路	R1±	R2±	R3±	———
3	控制正电源回路	101	201	301	401
4	控制负电源回路	102	202	302	402
5	合闸回路	103	203	303	403
6	启动重合闸回路	103H	203H	———	———
7	监控系统合闸回路	103J	203J	303J	403J
8	合闸监视回路	105	205	305	405

续表

序号	回路名称	回路标号			
		I	II	III	IV
9	跳闸回路	133	233	333	433
10	操作箱到机构箱合闸回路	107	207	307	407
11	操作箱到机构箱跳闸回路	137	237	337	437
12	监控系统跳闸回路	133J	233J	333J	433J
13	跳闸监视回路	135	235	335	435
14	三跳起动失灵回路	133R	233R	333R	---
15	三跳不起动失灵回路	133F	233F	333F	---
16	备用电源自动合闸回路	150~169	250~269	350~369	433R
17	备自投装置开入回路	171~179			
18	主变本体控制回路	181~199			
19	主变、高抗非电量保护开入回路	011~049			
20	第一套母线保护开入回路	051~060			
21	第二套母线保护开入回路	061~070			
22	第一套线路、主变、高抗保护开入回路	0111~0149			
23	第一套远跳保护开入回路	0151~0179			
24	第一套光电转换装置开入回路	0181~0199			
25	第二套线路、主变、高抗保护开入回路	0211~0249			
26	第二套远跳保护开入回路	0251~0279			
27	第二套光电转换装置开入回路	0281~0299			
28	断路器辅助保护开入回路	0311~0399			
29	第一组电压切换回路	0411~0419			
30	第二组电压切换回路	0421~0429			
31	第一组电压并列回路	0431~0439			
32	第二组电压并列回路	0441~0449			

3.4.9.5 信号及其他回路标号原则

信号及其他回路标号示例见表40。

表 40 信号及其他回路标号名称表

序号	回路名称	回路标号
1	信号正电源	701
2	信号负电源	702
3	红灯指示回路	703
4	绿灯指示回路	705
5	保护动作瞬动信号回路（合并）	709
6	保护、安全自动装置动作、告警信号回路	711～799
7	断路器的位置信号回路	801～809
8	隔离开关的位置信号回路	811～825
9	接地开关的位置信号回路	827～839
10	断路器、隔离（接地）开关的本体信号回路	841～879
11	隔离（接地）开关电气闭锁回路	881～899
12	录波公共端回路	901
13	录波开关量信号回路	903～999

备注 1：针对多个测控装置集中组屏的方式，为避免不同测控装置之间信号正、负电源的混淆，可在信号正、负电源回路号后增加－1（2、3、4）加以区分。

备注 2：主变间隔的信号回路的回路号用四位数表示，各种信号回路使用的号段与其他间隔相同，同时在号段的第 2 位分别加入 0（保护、高压侧）、1（中压侧）、2（低压侧）、4（主变本体）数字加以区分

500kV 断路器端子箱中，每三分之一串里的隔离开关、接地开关控制元器件编号统一（示例）如下：

50111——1GHA、1GFA、1GTA、1GWS、1GKS；

50112——2GHA、2GFA、2GTA、2GWS、2GKS；

501117——1GDHA、1GDFA、1GDTA、1GDWS、1GDKS；

501127——2GDHA、2GDFA、2GDTA、2GDWS、2GDKS。

3.4.10 二次系统信息逻辑图

二次系统信息逻辑图应表示对应间隔二次设备间的信息（含电流、电压、跳闸、信号等）交互，并示意信息流方向。

二次系统信息逻辑图以 IED 设备为对象，描述该设备的所有交互信息，可根据虚端子示意图进行设计，按照间隔存放或全站独立成册。

3.4.11 二次设备配置图

二次设备配置图在本电压等级主接线简图上表示本间隔 TA、TV 二次绕组数量、排列、准确级、变比和功能配置，并示意相关二次设备配置，包含保护装置、测控装置、智能终端等二次设备的厂家型号及安装单位。

3.4.12 站控层、过程层网络结构示意图

站控层、过程层网络结构示意图应表示站控层、过程层网络的结构，包括装置、交换机布置及连接介质。

3.4.12.1 站控层网络结构示意图

站控层网络应采用星型网络结构。站控层交换机宜按照设备室或电压等级配置，应冗余配置。站控层交换机采用 100Mbps 电（光）接口，对于长距离传输的端口应采用光纤以太网口；站控层交换机之间的级联端口宜采用 1000Mbps 光接口。站控层交换机宜采用 24 个 RJ-45 电接口，其光口数量根据实际要求配置。

3.4.12.2 过程层网络结构示意图

过程层网络结构示意图应完全展示过程层网络结构，不得以省略或类似等方式替代图示。过程层交换机应区分间隔交换机及中心交换机，图示中应显示间隔交换机与中心交换机的连接信息。同时应明确各装置与交换机、交换机与交换机之间端口配置信息，根据装置及交换机型号定义端口名称。

3.4.12.3 过程层网络原则

应采用星型网络结构，各电压等级的过程层网络宜独立配置。

应遵循相互独立的原则。当一个网络异常或退出时，任何设备不应影响另一个网络的运行。

任一套装置不应跨接双重化配置的两个过程层网络；备自投装置与其他设备交互数据时，均采用点对点方式实现。

110kV 及以上电压等级过程层网络应为每套保护、测控冗余配置双网。

35kV 及以下电压等级过程层冗余配置双网，在无简易母差或其他保护要求下，过程层可不独立组网。

主变保护、主变智能录波器跨不同电压等级的过程层网络。

3.4.13　站控层网络 IP 地址配置表

应表示全站设备站控层网络 IP 地址配置表，包括设备名称、设备型号等。

全站设备站控层网络 IP 地址配置表中站控层网络 IP 地址全站唯一。

3.4.14　交换机端口配置图

3.4.14.1　总体原则

交换机端口配置图应表示过程层交换机的外部去向，包括端口号、光缆（尾缆、网络线）编号及去向等。

交换机端口配置图应表示交换机的外部去向，包括端口号、网络线编号及去向等。

全站过程层交换机连接示意图应包含交换机数量及其连接关系。

3.4.14.2　交换机配置原则

过程层交换机可按照电压等级多间隔共用配置，同一间隔内的设备应接入同一台交换机；或 500kV 电压等级过程层交换机可按串配置，220kV 电压等级过程层交换机可按间隔配置，110kV 及以下可按电压等级多间隔共用配置。

过程层交换机与智能设备之间的连接宜采用 100Mbps 光接口,交换机的级联端口宜采用 1000Mbps 光接口。

任两台设备之间的数据传输路由不应超过 4 个交换机,当采用级联方式时,不应丢失数据。

宜按照每一间隔预留一个备用交换机接口,预留备用接口不宜少于交换机接口总数的 20%;还应至少预留一个级联接口。

智能录波器、站域保护等跨间隔设备宜通过中心交换机接入。

3.4.14.3 交换机接口要求

百兆交换机接口按照百兆口 1~16 进行排序,千兆口按照 25~28 进行排序,端口面板印字按照端口序号进行印字,且千兆端口按照 G1~G4 进行千兆口印字,如 G1(25)、G4(28)。

千兆交换机接口按照 1~16 进行排序,端口面板印字按照 G1~G16 进行印字。

运维端口按照 MMS-A、MMS-B 进行编号。

宜统一采用多模光器件,接口宜选用 LC 型,应支持热插拔。

宜采用标准的接口配置,至少应支持表 41 中的配置。

表 41 过程层交换机接口配置表

规格	100M 光口	1000M 光口	调试端口	运维端口	机箱尺寸
Ⅰ型	6	2	1	2	两台拼成 1U19 英寸整层
Ⅱ型	16	4	1	2	1U19 英寸
Ⅲ型	0	16	1	2	1U19 英寸

注:采用 LC 接口时千兆光口应兼容百兆口。

3.4.14.4 交换机转发配置原则

可采用 VLAN 或静态组播实现交换机转发配置;采用 VLAN 划分(含备

用口）时宜按照间隔划分。

交换机端口流量一般不超过端口速率的 40%。

智能录波器宜采用镜像端口接入，且镜像仅限 in 方向的报文。

广播报文流量限制宜设置为不超过 1Mbps。

过程层交换机静态组播配置宜手动完成，积极试点、稳步推进，可采用 SCD 文件导出交换机适配的 CSD 文件完成静态组播配置。

3.4.14.5　交换机电源要求

电源模块应支持双电源模块热备份，采用端子式接线方式。

双电源模块配置的交换机的直流电源应取自同蓄电池组供电的直流母线段。

双重化配置的网络其电源应完全独立，不同网络交换机电源，应取自不同蓄电池组供电的直流母线段。

过程层交换机的双电源模块，其电源在直流（交流）馈线屏处应相互独立，同一过程层网络（A1/A2、B1/B2）的所有交换机，其电源模块一或电源模块二在直流（交流）馈线屏处可共用一路电源。

220kV 及以上电压等级过程层网络，其过程层交换机直流电源按配套保护配置：A1/A2 网过程层交换机与主一保护系统一致，使用第一套直流电源系统；B1/B2 网交换机与主二保护系统一致，使用第二套直流电源系统。

过程层交换机分散组屏时，除满足上述电源配置要求外，交换机电源可与保护装置电源在直流馈线屏处共用一路电源。

任一网络（A1、A2、B1、B2）过程层交换机，无论集中组屏或分散组屏，其交换机电源空气开关在屏内应完全独立，如图 4～图 7 所示。

3.4.14.6　交换机信号要求

当交换机电源断电或故障时交换机应能够提供硬接点输出，硬接点应至少支持装置故障和装置告警两副接点。

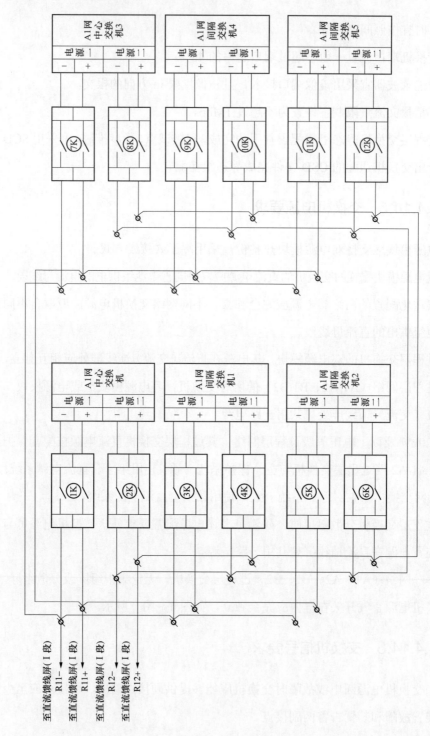

图 4 交换机集中组屏 GOOSE A 网电源回路示意图（以 A1 网为例）

至直流馈线屏（Ⅰ段）
R11-

至直流馈线屏（Ⅰ段）
R11+

至直流馈线屏（Ⅰ段）
R12-

至直流馈线屏（Ⅰ段）
R12+

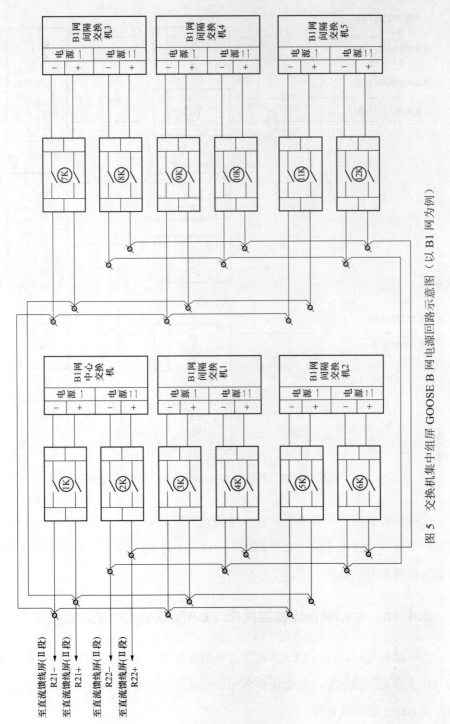

图 5 交换机集中组屏 GOOSE B 网电源回路示意图（以 B1 网为例）

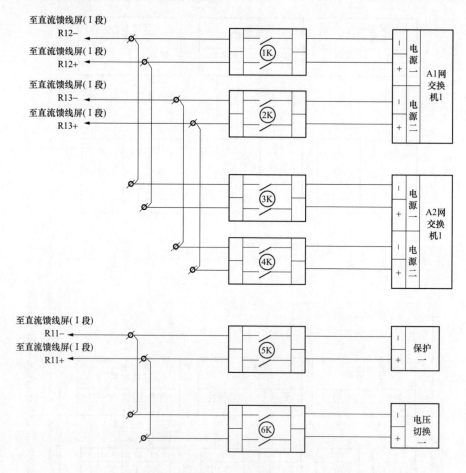

图 6　间隔交换机分散组屏 GOOSE A 网电源回路示意图

交换机装置故障和装置告警应以瞬动硬节点发信。任一网络任一交换机装置故障信号应独立上送，在公用测控信号点位不足时，同一交换机的装置故障与装置告警信号可合并上送。

3.4.15　全站设备过程层网络 VLAN 或静态组播配置

全站设备过程层网络 VLAN 或静态组播配置表应表示全站设备过程层网络 VLAN 或静态组播配置，包括设备名称、设备型号、端口 VLAN、端口地址、数据集名称、组播地址等。

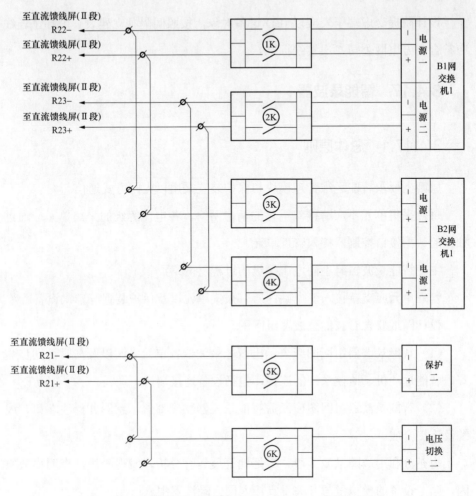

图 7　间隔交换机分散组屏 GOOSE B 网电源回路示意图

交换机转发配置应采用 VLAN 或静态组播实现；采用 VLAN 划分（含备用口）时宜按照间隔划分，主要考虑划清数据流向，保证间隔数据不混淆。

3.4.16　虚端子表

SCD 文件应支持导出各 IED 设备虚端子连接表。虚端子连接表中应包括：外部设备名称、外部信号路径、外部信号中文描述、内部信号名称、内部信号路径、内部信号中文描述，宜具备物理端口连接信息等。

设计院提交虚端子表应以 IED 设备对象，按照间隔独立建表。虚端子连线应符合南方电网公司二次接线标准。

3.4.17 智能录波器

3.4.17.1 总体原则

原则上要求智能运维管理模块与保护装置采用以太网方式通信。

每台采集单元不应跨接双重化的两个网络，各电压等级的采集单元应通过独立的数据接口控制器接入管理单元。

主变智能录波器跨不同电压等级的过程层网络；

管理单元应支持接入变电站内所有采集单元以及保护装置等二次设备。

设计图纸要含有智能录波器组网图。

（1）智能录波器组网图应表示出智能录波器各单元之间以及与时钟同步装置、智能远动机、监控系统的连接，包括设备连接端口、缆线。

（2）智能录波器组网图应涵盖智能录波器物理部署示意图并标注端口、线缆及连接介质。

为充分利用故障录波手段，更好地开展运行分析，发现隐患，查明事故原因，同一设备的模拟量与开关量宜接入同一录波器中。

3.4.17.2 管理单元配置原则

110kV 及以上变电站应配置管理单元。

220kV 及以上变电站的管理单元宜配置双机。双机配置的管理单元可采用热备工作方式或双主工作方式，推荐采用热备工作方式：

（1）热备工作方式下，管理单元双机中仅一台机与保护装置、采集单元等通信，当主机异常时，自动切换到备用机。管理单元双机应有完善的主备判断机制，当主机正常运行时，备机拒绝主站的 TCP 连接。

（2）双主工作方式下，管理单元的双机同时与保护装置、采集单元等通信。管理单元双机均应支持与主站进行通信。对于由管理单元主动发起控制方向命令的应用功能（定值自动召唤与核对、主动召唤录波、网分文件等功能），可只在其中一套管理单元投入。

3.4.17.3 采集单元配置原则

采集单元的数量应根据变电站实际接入的模拟量和开关量规模进行配置。

500kV 变电站的采集单元应按照电压等级进行配置，500kV 电压等级（含线路、断路器、电抗器）、主变、220kV 电压等级（含线路、母联、分段、旁路）应分别设置独立的采集单元。500kV 电压等级宜按每两串设置一台采集单元，或按继电器小室分散设置采集单元。主变宜按每两台（组）变压器设置一台采集单元。220kV 电压等级宜根据变电站终期规模设置采集单元。66kV 及以下电压等级可根据运行需要设置采集单元。

220kV 变电站的采集单元应按照电压等级进行配置，220kV 电压等级（含线路、母联、分段、旁路）、主变、110kV 电压等级（含线路、母联、分段、旁路）应分别设置独立的采集单元。主变宜按每两台（组）变压器设置一台采集单元，220kV 与 110kV 电压等级宜根据变电站终期规模设置采集单元。

110kV 变电站的 110kV 电压等级（含线路、母联、分段、旁路）、主变应分别设置独立的采集单元。主变部分宜按每两台（组）变压器设置一台采集单元。

220kV 与 110kV 变电站的 35kV 及以下电压等级可根据运行需要配置采集单元。

3.4.17.4 采集单元基本要求

采集单元应能记录直流量，直流电压回路接入智能录波器时应经过空气开关隔离。

采集单元应具备与主站的远程交互接口，可实现与远端主站系统的信息交互。

采集单元应有独立的 DC/DC 变换器，电源模块应设置监视回路，电源异常时应闭锁装置并发出告警信号。

采集单元应具备 IRIG-B 码对时和自守时功能。

3.4.17.5 采集单元网络通信接口要求

过程层报文采集接口：

（1）传输介质：850/1310nm 多模光纤；

（2）接口类型：100Mbps 应支持 ST 或 LC 接口，1000Mbps 应支持 LC 接口；

（3）接口数量：每台采集单元的过程层采集插件数≥2，每个过程层采集插件的接口数≥2；

（4）采集接口光纤发送功率和接收灵敏度应满足南方电网《继电保护通用技术规范》要求。

站控层报文采集接口：

（1）传输介质：宜采用五类及以上屏蔽双绞线，也可采用 850/1310nm 多模光纤；

（2）接口类型：宜采用 RJ45 接口，也可采用光纤接口；

（3）接口数量：每套智能录波器的站控层报文采集接口数≥3。

数据上送接口：

（1）传输介质：宜采用五类及以上屏蔽双绞线；

（2）接口类型：宜采用 100M/1000M 自适应 RJ-45 电以太网接口，也可采用光纤接口；

（3）接口数量：应不少于 4 个。

3.4.17.6 管理单元的通信接口要求

传输介质：五类及以上屏蔽双绞线；

接口类型：宜采用 100M/1000M 自适应 RJ-45 电以太网接口，也可采用光纤接口；

接口数量：应不少于 6 个。

3.4.17.7 管理单元信息交互要求

保护装置通过站控层 C1 网接入管理单元，采集单元通过站控层 C2 网接入管理单元。管理单元与站内其他装置间交互的信息见表 42。

表 42 管理单元交互信息表

序号	接入对象	接入方式	通信规约	交互信息（包括但不限于以下信息）
1	保护装置	站控层 C1 网	MMS	保护装置的 MMS 报文、文件（录波文件、定值文件、档案文件、告警文件和 CID 文件等）
2	采集单元	站控层 C2 网	私有协议/MMS	采集单元的定值信息、告警信息、文件（录波文件、定值文件、状态文件、档案文件、告警文件、异常报文记录文件和 CID 文件等）
3	站控层交换机	站控层 C1/C2 网	MMS	交换机装置模型 CID 文件、交换机配置文件、工作状态和告警信息

3.4.17.8 采集单元信息交互要求

保护装置、智能终端报文通过过程层网络接入采集单元，站控层报文通过站控层交换机镜像端口接入采集单元。

过程层交换机可通过过程层网络或独立网络接入采集单元，采集单元与过程层交换机之间可通过 GOOSE 报文获取交换机工作状态、告警等信息，也可通过 MMS 报文获取交换机装置模型、配置文件、工作状态和告警等信息。

采集单元应通过不同的通信插件分别接入过程层网络和站控层网络，采集单元与站内其他装置间交互的信息见表 43。

3.4.17.9　屏柜端子排设置原则

按照"功能分区，端子分段"的原则，根据屏柜端子排功能不同，分段设置端子排；

表 43　　　　　　　　　　　　　采集单元交互信息表

序号	接入对象	接入方式	通信规约	采集信息（包括但不限于以下信息）
1	保护装置	过程层 A1/A2/B1/B2 网	GOOSE	保护装置动作等 GOOSE 信息
2	智能终端	过程层 A1/A2/B1/B2 网		断路器刀闸位置等 GOOSE 信息
3	电压、电流模拟量	电缆	/	母线、线路、变压器等电压、电流模拟量
4	常规开关量		/	保护动作、刀闸位置等开关量
5	过程层交换机	过程层 A1/A2/B1/B2 网或独立网络	GOOSE 或 MMS	交换机工作状态、告警等 GOOSE 信息或装置模型、交换机配置文件、工作状态和告警等信息
6	站控层交换机	站控层 C1 网	MMS	保护装置告警等 MMS 信息

端子排按段独立编号，每段应预留备用端子；

公共端、同名出口端采用端子连线；

交流电流和交流电压采用试验端子。

3.4.17.10　屏柜背面端子排设计原则

左侧端子排，自上而下依次排列如下：

（1）直流电源段（ZD）：本屏柜所有装置直流电源均取自该段；

（2）集中备用段（1BD）。

右侧端子排，自上而下依次排列如下：

（1）交流电压段（UD）：交流电压按照 U_a、U_b、U_c、U_0 依次排列；

（2）交流电流段（ID）：交流电流按照 I_a、I_b、I_c、I_0 依次排列；

（3）直流电压段（ZUD）：直流电压输入按照 ZUD＋、ZUD－依次排列；

（4）信号段（YD）：至少提供录波启动、装置异常、装置失电三组不保持硬接点；

（5）对时段（TD）：IRIG-B（DC）码对时；

（6）交流电源段（JD）：本屏柜所有装置交流电源均取自该段；

（7）集中备用段（2BD）。

如端子分段布置不能满足以上要求时，UD 和 ID 在左右两侧灵活布置。

3.4.17.11　屏内装置及屏端子编号

编号以同屏内不同装置编号不重复为原则，其定义见表 44、表 45。同一屏柜内有多台相同类型的装置时，采用相关编号前加"*-"的原则。如当同一屏柜内有两台 ODF 配线架时编号分别为：1-11n、2-11n。

表 44　　　　　　　　采集单元屏柜内装置编号

序号	装　置　类　型	装置编号
1	采集单元	1n
2	就地显示装置（与采集单元合并时，可不占用编号）	4n
3	打印机（可选）	7n
4	ODF 配线架	11n
5	传感器箱 1~n（接入 SV 报文时可不配置，不占用编号）	15n

表 45　　　　　　　　管理单元屏柜内装置编号

序号	装　置　类　型	装置编号
1	管理单元	1n
2	液晶显示（键盘/鼠标）	4n

续表

序号	装 置 类 型	装置编号
3	打印机（可选）	7n
4	站控层 C1 网交换机	11n
5	站控层 C2 网交换机	15n
6	ODF 配线架（可选）	19n

3.4.17.12　智能录波器物理布置

常规站的智能录波器典型物理部署示意图如图 8 所示，500kV 智能站的智能录波器典型物理部署示意图如图 9 所示。

220kV 智能站的智能录波器典型物理部署示意图如图 10 所示，110kV 智能站的智能录波器典型物理部署示意图如图 11 所示。

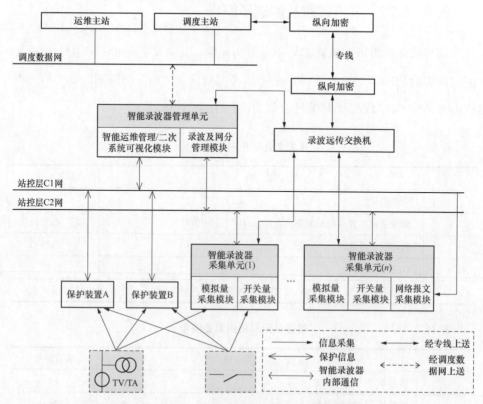

图 8　常规站的智能录波器典型物理部署示意图

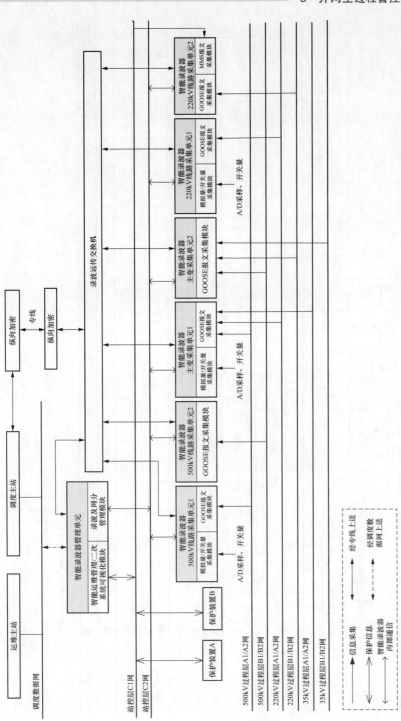

图 9 500kV 智能站的智能录波器典型全物理部署示意图

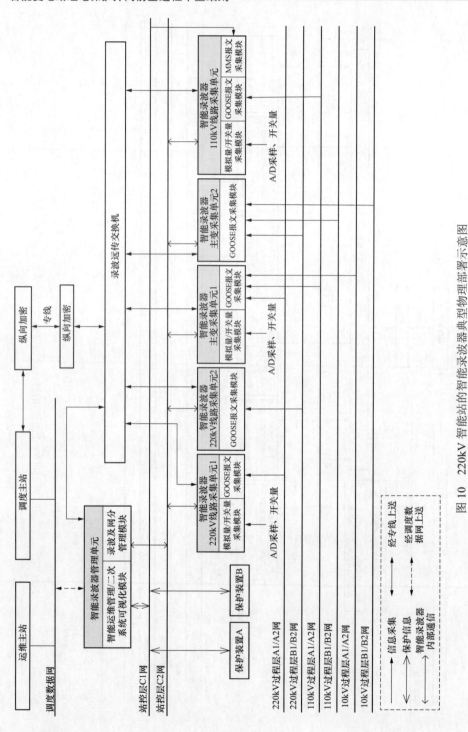

图10 220kV智能站的智能录波器典型物理部署示意图

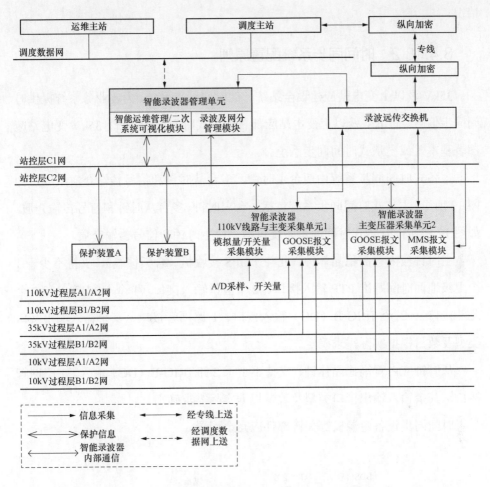

图 11 110kV 智能站的智能录波器典型物理部署示意图

3.4.18 时间同步系统

3.4.18.1 时间同步系统光缆联系图

时间同步系统光缆联系图应表示出时间同步系统与站控层设备、间隔层设备、过程层设备的光缆联系，包括光缆编号、光缆去向等。

时间同步系统光缆联系图还应表示出连接介质、设备端口及备用芯使用情况。

3.4.18.2 时间同步系统配置原则

35kV 及以上变电站应建设全站统一的时间同步系统，为各业务系统提供时间同步信号。110kV 及以上变电站应部署主备式时间同步系统，35kV 变电站应部署基本式或主从式时间同步系统。

主备式时间同步系统由两台主时钟、多台从时钟和信号传输介质组成，如图 13 所示；主从式时间同步系统包括一台主时钟、多台从时钟和信号传输介质，如图 12 所示；基本式时间同步系统包括一台主时钟和信号传输介质。

主时钟应内置高稳晶体钟、北斗＋GPS 接收机（含天馈线），支持不少于 1 个上级地面时间基准 PTP 输入接口、2 个卫星输入接口（1 个 GPS 接口和 1 个北斗接口）、2 个 IRIG-B（DC）输入接口、1 路网管接口，其余输入输出接口类型及数量根据实际需求确定。

从时钟应内置高稳晶体钟，支持不少于 2 路 IRIG-B（DC）输入，1 路网管接口，其余输入输出接口类型及数量根据实际需求确定。

时间同步设备电源板等关键部件应冗余配置。

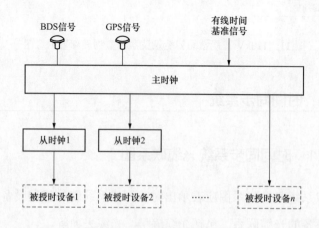

图 12　主从式时间同步系统

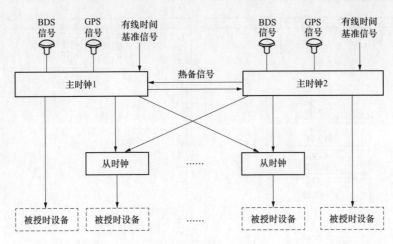

图 13　主备式时间同步系统

采用光 B 码对时时，同间隔的智能终端、保护装置、测控装置等应接在同一块对时板上，不同间隔宜挂在不同扩展时钟或同一扩展时钟的不同对时板上。

变电站配置 1 套公用的时间同步系统，主时钟应双重化配置。站控层设备宜采用 SNTP 对时方式；间隔层设备宜采用 IRIG-B（DC）对时；过程层设备宜采用光纤 IRIG-B 对时。满足条件情况下，可采用 IEC 61588 对时方式。

GPS 对时装置按主、备式配置，时钟扩展装置下放布置时可减少装置数量。其中主、备时钟使用双电源，扩展时钟单电源并使用第一组电源。

3.4.18.3　时间同步系统主时钟装置组屏原则

时间同步系统主时钟装置宜组屏布置，对时扩展装置宜分别布置于每个小室和高压室。

时钟同步系统主柜：主时钟×1＋备时钟×1＋扩展装置×2＋防雷器×4（天线防雷）。

时钟同步系统扩展柜：扩展装置×3。

时钟同步系统主柜典型组屏（柜）方案见图 14。

时钟同步系统扩展柜典型组屏（柜）方案见图 15。

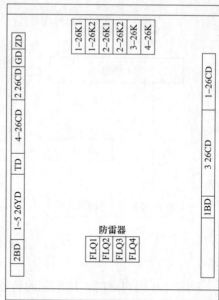

图 14　时钟同步系统主柜典型组屏（柜）方案

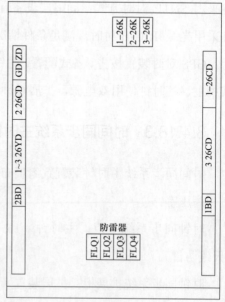

图 15　时钟同步系统扩展柜典型组屏（柜）方案

时钟柜只定义了端子段命名，对时接点输出路数，具体的端子定义可根据厂家各自装置情况定义：

B 码对时端子段：CD

脉冲空接点对时段：TD

遥信端子：YD

时间信号传输介质应保证时间同步装置发出的时间信号传输到被授时设备/系统时，能满足它们对时间信号质量的要求，一般可在下列几种传输介质中选用：同轴电缆、屏蔽控制电缆、音频通信电缆、光纤、屏蔽双绞线。

（1）同轴电缆。

用于室内高质量地传输 TTL 电平时间信号，如 1PPS、1PPM、1PPH、IRIG-B（DC）码 TTL 电平信号，传输距离不长于 15m。

（2）屏蔽控制电缆。

屏蔽控制电缆可用于以下场合：

传输 RS-232C 串行口时间报文，传输距离不长于 15m；

传输静态空接点脉冲信号，传输距离不长于 150m；

传输 RS-422、RS-485、IRIG-B（DC）码信号，传输距离不长于 150m。

（3）音频通信电缆。

用于传输 IRIG-B（AC）码信号，传输距离不长于 1km。

（4）光纤。

用于远距离传输各种时间信号和需要高准确度对时的场合。

主、从时钟之间的传输宜使用光纤。同屏的主、从时钟之间可不使用光纤。

（5）屏蔽双绞线。

用于传输网络时间报文，传输距离不长于 100m。

3.4.18.4 时间同步系统天线典型安装要求

天线要安装在室外，尽可能安装在屋顶开阔和无视野遮挡的位置，保证周围较大的遮挡物（如树木、铁塔、楼房等）对天线的遮挡不超过 30°，天线竖直向上的视角应大于 120°；

为避免反射波的影响，天线尽量远离周围尺寸大于 20cm 的金属物 2m以上；

不要将天线安装在其他发射或接收设备附近，不要安装在微波天线的下方、高压线缆的下方，避免其他发射天线的辐射方向对准天线，卫星天线应与任何发射天线在水平及垂直方向上至少保持 3m 的距离；

两个或多个天线安装时，每两个天线之间要保持 2m 以上的间距，应将多个天线安装在不同地点，防止互相干扰；

为保证天线本身的安全，天线安装的屋顶附近应安装避雷器，天线的安装应与避雷针保持水平 5m 以上的距离，不可高出避雷针的高度，以避免雷击；

天线安装时，天线应固定在专用抱杆上，不应安装在避雷针引下线上，以免天线受到雷电干扰；

天线接入时钟同步装置的同轴电缆应使用整根同轴电缆，避免电缆驳接；减少天线电缆的长度，以保证接收到的 GPS 卫星信号具有一定的强度；

天线同轴沿敷设管道走线时，弯曲角度需尽量保持自然弯曲度，不可用力弯折，不可折成直角，以免影响卫星信号的接收；

室外天线同轴电缆应穿管保护；

室外引入的天线同轴电缆接入时间同步装置前，应经过最大放电电流不小于 15kA（8/20μs）的信号 SPD，避免雷电造成过电压，损坏时钟同步装置；

所有外部连接处要用防水胶及胶带封好，以免渗水。

时间同步系统天线典型安装示意图如图 16 所示。

3.4.18.5 时间同步系统对时要求

对时接点输出说明：

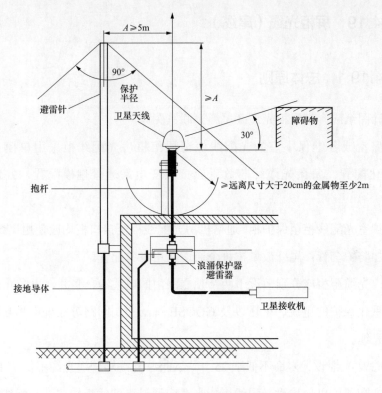

图 16 时间同步系统天线典型安装示意图

（1）时钟柜输出无源脉冲对时接点、IRIG-B（DC）对时接点路数各厂家自定义。

（2）本端子排：主柜端子按照整屏输出 80 路 B 码对时设计，扩展柜按照 90 路 B 码输出，可根据现场实际情况输出 B 码对时节点数量。

时间同步对时回路编号：SJ001-SJ999

时间同步系统应具备 RJ45、ST、RS.232/485 等类型对时输出接口扩展功能。

站控层设备宜采用 SNTP 对时方式，智能远动机采用 IRIG-B（DC）对时；间隔层设备宜采用 IRIG-B（DC）对时；过程层设备宜采用光纤 IRIG-B 对时。

3.4.19 屏柜光缆（尾缆）

3.4.19.1 总体原则

设计图纸应含有屏柜光缆（尾缆）联系图。

继保室或各继保小室的光配线柜至通信机房光配线柜采用单模光缆，为双重化配置。每条光缆纤芯数量应按照变电站远景规模配置，并留有备用芯。

保护室光配线柜至保护柜、通信机房光配线柜至接口柜均应使用尾纤连接，尾纤增加防护套管。尾纤数量按每个通道 2 用 1 备配置。

站内光缆至少应分别敷设于两个独立路由的电缆沟、竖井、电缆孔。

双重化保护的电流、电压以及 GOOSE 跳闸控制回路等应采用相互独立的电缆或光缆。

OPGW 光缆设计寿命不低于 25 年、ADSS 光缆和管道光缆不低于 12 年。在保护室和通信机房均设光配线柜，光缆应通过光配线柜转接，光配线柜的容量、数量宜按照变电站远景规模配置。

不同楼层屏柜之间应使用光缆连接，同一楼层不同小室之间或同一小室不同屏柜间应使用尾缆连接，同一屏柜内不同装置间应使用光纤跳线连接。

3.4.19.2 屏柜光缆（尾缆）联系图

应表示不同屏柜间互连的光缆、尾缆，同一屏柜内不同装置间的光纤跳线。

光缆应表示光缆编号、光缆类型、芯数、去向等。

尾缆应表示尾缆编号及两端的接头类型，应表示出柜内接有尾缆装置的光口号、光口类型，同时表示所接尾缆的编号、尾缆芯编号及去向。

应表示光纤配线架的光配单元号及本侧、对侧的光纤接口类型，各光配单元所接的光缆编号等。

光纤跳线应表示跳线两端的光口号、光口类型及去向。

3.4.19.3　保护屏（柜）光缆（纤）要求

线径及芯数要求：

（1）光纤线径宜采用 62.5/125μm 规格；

（2）多模光缆芯数不宜超过 24 芯，每根光缆至少备用 20%，最少不低于2 芯。

敷设要求：

（1）双重化配置的两套保护不共用同一根光缆，不共用 ODF 配线架；

（2）保护屏（柜）内光缆与电缆应布置于不同侧或有明显分隔。

3.4.19.4　光缆敷设

光缆的敷设可视条件采用槽盒、桥架或支架敷设方式，推荐采用槽盒或桥架敷设方式并辅以穿管敷设方式过渡。尾缆及非金属加强芯阻燃光缆宜采用槽盒保护。

二次设备室活动地板下光缆敷设可采用槽盒。

当光缆与站内电力电缆、控制电缆在同一通道内同一侧的多层支架上敷设时，光缆宜布置在支架的底层。

当光缆沿槽盒敷设时，光缆可多层叠置。当光缆穿 PVC 管敷设时，每根光缆宜单独穿管，同一层支架上的 PVC 管可紧靠布置。

光缆在任何敷设方式及其全部路径条件的上下左右改变部位，均应满足光缆允许弯曲半径要求；光缆布放的过程中应无扭转，严禁打小圈等现象出现；光缆经由走线架、拐弯点（前、后）应予绑扎。

3.4.20 光缆、电缆清册

3.4.20.1 总体原则

用于变电站的二次控制电缆应采用聚氯乙烯绝缘铠装屏蔽阻燃或耐火多芯控制电缆，电缆导电芯线应为单根圆形实心铜导体。

二次控制电缆额定电压 U_0/U：450/750V。

为满足变电站在一次设备全生命周期内正常使用的要求，二次控制电缆应保证能耐用 30 年。

3.4.20.2 光缆、电缆清册要求

包括光缆、尾缆、电缆及网络线清册。应表示出每回缆线的编号、规格（尾缆的规格应标示出两端的接口类型、芯数等）、始点位置、终点位置、长度；当有敷设路径要求时，应标识缆线敷设路径的关键节点；应汇总全站缆线保护管的规格及长度。厂家供货的缆线应列入缆线清册（单独计列），供施工单位核算安装工作量。

室内尾缆需开列光缆类型、编号、根数、备用芯数、起点、终点、起点接口类型、终点接口类型、长度；长度统计时，统一按"柜间距离"＋"5m 柜内走线"考虑。适当考虑部分常用长度、接口的尾缆作为备用。

室外光缆需开列光缆类型、编号、根数、备用芯数、起点、终点、长度；当室外采用预制光缆时，应考虑光缆起止接口类型。

3.4.21 端子排布置要求

同一屏上布置多套装置时，端子排采用按装置分区，按功能分段原则。柜内每侧底端集中预留备用端子。

每个装置区内端子排按功能段独立编号。

公共端、同名出口端采用端子连线，配置足够连接端子。

对外每个端子的每个端口只允许接一根线，不允许两根线压接在一起。

交流电流和交流电压采用试验端子。

3.4.22 线路保护

3.4.22.1 500kV 线路保护配置

每回线路应按双重化原则配置两套完整的、相互独立的、主后一体化的光纤电流差动保护。每套保护的两个通道应遵循完全独立的原则配置。

凡穿越重冰区使用架空光纤的线路保护和远方跳闸保护还应满足如下配置原则：

（1）双重化配置的两套全线速动的主保护和过电压及远方跳闸保护应能适应应急通道，其中至少一套保护采用应急通道；

（2）应急通道可采用公网光纤通道或载波通道，配置的光纤电流差动保护应具备纵联距离保护功能；

（3）具备两路远跳应急通道时，两路远跳应急通道分别接入两套远方跳闸保护。

线路保护应配置零序反时限过流保护，不含重合闸功能。

串联补偿电容器所在线路应采用具有串补功能的保护型号。对串联补偿电容器周边线路，通过评估，若存在电流反向、电压反向问题，则该线路应配置具有串补功能的保护型号。

3.4.22.2 500kV 过电压及远方跳闸保护配置

500kV 过电压及远方跳闸保护应按双重化配置，应集成在线路主保护中，两套保护的交直流、跳闸回路完全独立。

3.4.22.3　500kV断路器保护及操作箱配置

电缆跳闸方式按断路器配置双套单跳闸线圈分相操作箱或单套双跳闸线圈分相操作箱，光缆跳闸方式按断路器配置双套单跳闸线圈分相智能终端。

断路器保护按断路器配置，电缆跳闸方式单套配置，光缆跳闸方式双套配置。

断路器保护中应包含断路器三相不一致保护、过流保护、死区保护、断路器失灵保护和自动重合闸等功能。

3.4.22.4　500kV短引线保护配置

间隔设有出线或进线隔离开关时，应按双重化配置两套短引线保护。

设置比率差动保护和两段和电流过流保护。

3.4.22.5　500kV T区保护配置

间隔保护使用串外TA时，应按双重化配置两套T区保护。

设置比率差动保护和两段出线过流保护。

3.4.22.6　220kV线路保护配置

每回线路应按双重化要求配置两套完整的、相互独立的、主后一体化的全线速动光纤电流差动保护，每套线路保护应具备双通道功能。通道条件具备时，每套保护应采用双通道。除适用于电厂电缆线路的光纤电流差动保护外，每套保护均具备重合闸功能。

存在旁路代路运行方式的线路，配置的两套光纤电流差动保护，应至少有一套集成接点方式纵联距离保护功能。

重冰区线路保护应采用双通道，并能适应应急通道的要求：

（1）应急通道采用公网光纤通道时，配置的光纤电流差动保护应具备光口

方式纵联距离保护和纵联零序保护功能;

（2）应急通道采用载波通道时,配置的光纤电流差动保护应具备接点方式的纵联距离保护和纵联零序保护功能。

电缆跳闸方式按断路器配置双套单跳闸线圈分相操作箱或单套双跳闸线圈分相操作箱,光缆跳闸方式按断路器配置双套单跳闸线圈分相智能终端。

双重化配置的两套保护配置各自独立的电压切换装置（插件）。

电缆跳闸方式旁路配置一套集成接点方式纵联距离保护功能的光纤电流差动保护（包含重合闸功能）、操作箱和电压切换装置。

光缆跳闸方式旁路配置一套集成接点方式纵联距离保护功能的光纤电流差动保护（包含重合闸功能）、智能终端和电压切换装置。

3.4.22.7　110kV 线路保护配置

每回 110kV 线路应配置一套含重合闸功能的主后一体的光纤纵联电流差动保护。

对多端 T 接等不具备差动保护技术条件的线路,可不配置电流差动保护功能。

单侧电源线路且为线变串单元接线时,负荷端可不配置线路保护。

纵联电流差动保护基础型号代码为 A,无选配功能。

距离零序保护基础型号代码为 A,无选配功能。

3.4.22.8　35kV 及以下线路保护配置原则

对于长度小于 3km 的短联络线路或整定困难的 35kV 线路,宜配置光纤电流差动保护。其他采用合环运行的 10kV～35kV 线路,为了提高供电可靠性,根据需求可以配置光纤电流差动保护。

对特殊需求的 35kV 线路,为保证可靠性要求,保护配置可参照 110kV 线路。

地区电源并网线路应配置具备解列功能的线路保护。

35kV 及以下线路保护基础型号代码为 A，无选配功能。

35kV 及以下线路纵联电流差动保护基础型号代码为 A，无选配功能。

3.4.22.9　10kV 线路保护二次回路通用要求

双重化配置的两套保护的电流回路、电压回路、直流电源和跳闸回路相互独立。双重化配置的光缆跳闸装置跳闸回路应采用相互独立的光缆。

双重化配置的每套保护电压应分别取自 TV 的不同绕组。

装有串联补偿电容的线路，线路保护电压应取自线路侧 TV 的绕组。

双重化配置的每套保护电流应分别取自 TA 的不同绕组。

双重化配置的每套保护应分别动作于断路器的一组跳闸线圈。

单套配置的保护出口跳闸应同时作用于断路器的两组跳闸线圈。

操作箱应采用分相合闸出口，并分别与断路器机构的对应相合闸回路连接。

操作箱跳/合闸位置状态的监视，应能监视"远方/就地"切换把手、断路器辅助接点、跳/合闸线圈等完整的跳/合闸回路。操作箱跳闸位置状态的监视，应串联断路器辅助动断触点后接入合闸回路，监视其完整性。

操作箱内的断路器操作机构"压力低闭锁重合接点"的转换继电器应采用机构箱内压力低继电器的常闭接点接入保护压力闭锁重合闸的输入回路。

当断路器操动机构本体配置了相应的压力闭锁回路时，应取消串接在操作箱跳合闸控制回路中的压力接点。

采用油压、气压作为操作机构的断路器，压力低闭锁重合闸接点应接入操作箱。

操作箱接入断路器压力低闭锁接点后，应能保证正常状态下可靠切除永久故障（对于线路保护应满足"分—合—分"动作要求）。

优先使用断路器机构本体的防跳回路。

对于可能导致多个断路器同时跳闸的直跳开入，应采取措施防止直跳开入的保护误动作。

3.4.22.10　光缆跳闸方式二次回路通用要求

两套保护的跳闸回路应与两个智能终端分别一一对应。两个智能终端应与断路器的两个跳闸线圈分别一一对应。

双重化的两套保护及其相关设备（智能终端、网络设备、跳闸线圈等）的直流电源应一一对应。

光缆跳闸方式单间隔保护装置与本间隔智能终端之间应采用组网方式通信。

跨间隔光缆跳闸方式保护（如：母线保护）与各间隔智能终端之间宜采用组网方式通信，如确有必要采用其他跳闸方式，相关设备应满足保护对可靠性和快速性的要求。

光缆跳闸方式装置过程层 GOOSE 信号应直接链接，不应由其他装置转发。当装置之间无网络连接，但又需要配合时，宜通过智能终端输出触点建立配合关系。如：三重方式下两套保护间的闭锁重合闸信号。

光缆跳闸方式保护装置跳闸触发录波信号应采用保护 GOOSE 跳闸信号。

保护装置、智能终端等智能电子设备间的相互启动、相互闭锁、位置状态等交换信息可通过 GOOSE 网络传输，双重化配置的保护之间不直接交换信息。

3.4.22.11　500kV 线路保护通道配置

线路保护、远跳保护应优先采用复用光纤通道。长度小于 40km 的线路，保护通道可采用专用光纤芯。

线路保护、远跳保护装置采用 2M 通道时，线路同一通道两侧的通道类型应一致。

在通信设备支持 2M 光接口时，新安装或改造的线路两侧保护的所有复用 2M 通道均应采用 2M 光接口。

独立配置的远方跳闸保护，其通道应独立于线路主保护的通道。

每套线路保护的两个通道应遵循完全独立的原则配置，包括电源、通信设备及通信路由的独立，以防止单点故障引起两套纵联保护同时退出。

迂回路由的光通信通道可以复用低一级电压等级的光纤通道，但应优先采用同一电压等级的光纤通道。500kV 线路保护两路主用通道不应使用 110kV 路由的光纤通道。

线路无光纤通道时，应配置两路电力线载波通道。

线路无直达光纤路由时，宜配置一路载波通道。

3.4.22.12　220kV 线路保护通道配置

线路保护应优先采用复用光纤通道。长度小于 40km 的线路，保护通道可采用专用光纤芯。

每套线路保护的两个通道应遵循完全独立的原则配置，包括电源、设备及通信路由的独立，以防止单点中断引起两套纵联保护同时退出。

迂回路由的光通信通道应优先采用同一电压等级的光纤通道。

当线路上没有光纤通道时，两套主保护分别采用一路电力线载波通道。其高频通道必须由两个不同路由的、互为备用并能并列运行的、各自独立的通道所组成，且不同载波机、保护接口设备及其使用的直流电源均应互相独立。

3.4.22.13　110kV 及以下线路保护通道配置

线路纵联保护采用复用光纤通道时，应采用 2Mbit/s 数字接口，通道误码率应小于 10-7；

线路光纤电流差动保护禁止采用光纤通道自愈环，收、发通道应保持路由一致；

传输信息的通道设备应满足传输时间、可靠性的要求，其传输时间应符合下列要求：线路纵联保护信息的数字通道传输时间应不大于 12ms，点对点的数字式通道传输时间应不大于 5ms；

信息传输接收装置在对侧发信信号消失后，收信输出的返回时间应不大于通道传输时间。

3.4.22.14　线路保护组屏原则

线路保护组屏原则见 3.3.3。

3.4.22.15　500kV 保护装置及端子排编号原则

500kV 保护装置及屏端子编号以同屏内不同保护装置编号不重复为原则，其定义见表 46。同一保护柜内有多台相同类型的装置时，采用相关编号前加"*-"的原则。如当同一保护柜内有两台信号传输装置时编号分别为：1-11n、2-11n，对应的屏端子编号为：1-11*D、2-11*D。

表 46　　　　　　　　500kV 线路保护及辅助保护装置编号

序号	装置类型	装置编号	屏端子编号
1	线路保护	1n	1D
2	断路器保护（带重合闸）	3n	3D
3	操作箱	4n	4D
4	过电压及远方跳闸保护	9n	9D
5	短引线保护或 T 区保护	10n	10D
6	信号传输装置	11n	11D
7	继电保护数字接口装置	24n	24D

注：集成了过电压及远方跳闸保护的线路保护装置，取消 9n 装置编号和对应的 9D 屏端子编号。

端子排编号与装置编号对应，定义见表 47。

表 47   500kV 线路保护及辅助保护端子排分段编号原则

回路名称	端子排编号	回路名称	端子排编号	回路名称	端子排编号
交流电压（空气开关前）	UD	弱电开入	*RD	遥信信号	*YD
交流电压（空气开关后）	*UD	出口回路	*CD，*KD	录波信号	*LD
交流电流	*ID	保护配合	*PD	监控通信	TD
直流电源	ZD	母差联跳	*SD	交流电源	JD
强电开入	*QD	中央信号	*XD	备用端子	BD

注：a）"*"表示与装置编号对应的序号；

    b）QD 含空气开关下口，对于双跳闸线圈的断路器，Q1D、Q2D 分别表示第一组跳闸线圈和第二组跳闸线圈的开入；

    c）因厂家装置存在差异，对于无对外引接电缆的端子段不做统一要求，例如可以不设置 RD 段端子；

    d）CD 段跳闸出口按组排列，出口正端与负端之间以空端子隔离。

3.4.22.16 500kV 光缆跳闸方式线路保护端子排布置

背面左侧自上而下依次排列如下：

（1）直流电源段（ZD）；

（2）保护信号传输装置区（可选）：

强电开入段（11QD）；

弱电开入段（11RD）（可选）；

出口段（11CD）；

出口段（11KD）；

中央信号段（11XD）；

遥信段（11YD）；

录波段（11LD）。

（3）交流电源段（JD）。

（4）备用段（1BD）。

背面右侧自上而下依次排列如下：

（1）空开前共用电压段（UD）；

（2）线路保护装置区：

交流电压段（1UD）；

交流电流段（1ID）；

强电开入段（1QD）；

弱电开入段（1RD）（可选）；

出口段（1CD）（适用于选配接点方式纵联距离、零序功能，可选）；

出口段（1KD）（适用于选配接点方式纵联距离、零序功能，可选）；

（3）信号段（1XD）（适用于选配接点方式纵联距离、零序功能，可选）；

（4）中央信号段（1YD）；

（5）录波段（11LD）（适用于选配接点方式纵联距离、零序功能，可选）；

（6）监控通信段（TD）；

（7）备用段（2BD）。

3.4.22.17　500kV 光缆跳闸方式断路器保护端子排布置

背面左侧自上而下依次排列顺序如下：

（1）直流电源段（ZD）；

（2）第二套空开前电压段（U2D）；

（3）第二套断路器保护区：

交流电压段（2-3UD）；

交流电流段（2-3ID）；

强电开入段（2-3QD）；

弱电开入段（2-3RD）（可选）；

信号段（2-3YD）；

（4）交流电源段（JD）；

（5）备用段（1BD）。

背面右侧自上而下依次排列顺序如下：

（1）第一套空开前电压段（U1D）；

（2）第一套断路器保护区

交流电压段（1-3UD）；

交流电流段（1-3ID）；

强电开入段（1-3QD）；

弱电开入段（1-3RD）（可选）；

信号段（1-3YD）；

（3）监控通信段（TD）；

（4）备用段（2BD）。

3.4.22.18　500kV 光缆跳闸方式 T 区（短引线）保护柜

背面左侧自上而下依次排列顺序如下：

（1）直流电源段（1-ZD）；

（2）第二套 T 区（短引线）保护区

交流电流段（2-10ID）；

强电开入段（2-10QD）；

弱电开入段（2-10RD）（可选）；

信号段（2-10YD）；

（3）交流电源段（JD）；

（4）备用段（1BD）。

背面右侧自上而下依次排列顺序如下：

（1）直流电源段（1-ZD）；

（2）第一套 T 区（短引线）保护区

交流电流段（1-10ID）；

强电开入段（1-10QD）;

弱电开入段（1-10RD）（可选）;

信号段（1-10YD）;

（3）监控通信段（TD）;

（4）备用段（2BD）。

3.4.22.19 220kV 保护装置及端子排编号原则

220kV 保护装置及屏端子编号以同屏内不同保护装置编号不重复为原则，其定义见表 48。同一保护柜内有多台相同类型的装置时,采用相关编号前加"*-"的原则。如当同一保护柜内有两台远方信号传输装置时编号分别为 1-11n、2-11n，对应的屏端子编号为 1-11*D、2-11*D。

表 48 220kV 线路保护及断路器保护装置编号

序号	装 置 类 型	装置编号	屏端子编号
1	线路保护（带重合闸）	1n	1D
2	操作箱	4n	4D
3	电压切换箱	7n	7D
4	断路器辅助保护（不带重合闸）（可选）	8n	8D
5	收发信机、远方信号传输装置	11n	11D
6	继电保护数字接口装置	24n	24D
7	交换机	27n	27D

220kV 端子段编号与装置编号对应，见表 49。

表 49 220kV 线路保护端子排分段编号原则

回路名称	端子排编号	回路名称	端子排编号	回路名称	端子排编号
交流电压（空开前）	UD	弱电开入	*RD	遥信信号	*YD
交流电压（空开后）	*UD	出口回路	*CD，*KD	录波信号	*LD

回路名称	端子排编号	回路名称	端子排编号	回路名称	端子排编号
交流电流	*ID	保护配合	*PD	监控通信	TD
直流电源	ZD	中央信号	*XD	交流电源	JD
强电开入	*QD			备用端子	BD

注: a)"*"表示与装置编号对应的序号;

b)QD 含空开下口,对于双跳闸线圈的断路器,Q1D、Q2D 分别表示第一组跳闸线圈和第二组跳闸线圈的开入;

c)因厂家装置存在差异,对于无对外引接电缆的端子段不做统一要求,例如可以不设置 RD 段端子;

d)CD 段跳闸出口按组排列,出口正端与负端之间以空端子隔离。

3.4.22.20 220kV 光缆跳闸方式线路保护端子排布置

背面左侧自上而下依次排列如下:

(1)直流电源段 ZD:本屏(柜)所有装置直流电源取自本段;

(2)交流电源段 JD;

(3)备用段 1BD。

背面右侧自上而下依次排列如下:

(1)电压切换装置区。

交流电压段 7UD;

强电开入段 7QD;

信号段 7YD。

(2)主、后保护装置区。

交流电压段 1UD;

交流电流段 1ID;

强电开入段 1QD;

弱电开入段 1RD(可选);

出口段 1CD(适用于选配接点方式纵联距离、零序功能,可选);

出口段 1KD(适用于选配接点方式纵联距离、零序功能,可选);

信号段 1YD（适用于选配接点方式纵联距离、零序功能，可选）。

交换机遥信段：

交换机 1 遥信段 1-27YD；

交换机 2 遥信段 2-27YD。

（3）监控通信段 TD。

（4）备用段 2BD。

3.4.22.21　110kV 光缆跳闸装置端子排设计方案

方案 1：两回线路组一面屏（线路 1 保护＋线路 2 保护＋打印机）

背面左侧自上而下依次排列如下：

（1）直流电源段（1-ZD）：本间隔所有装置直流电源均取自该段；

（2）电压切换区。

交流电压段（1-7UD）：外部输入电压及切换后电压；

强电开入段（1-7QD）：用于电压切换；

信号段（1-7YD）：电压切换信号；

（3）线路保护区。

交流电压段（1-1UD）：保护装置输入电压（空开后）；

交流电流段（1-1ID）：保护装置输入电流；

弱电开入段（1-1RD）：用于保护；

遥信段（1-1YD）：保护动作、重合闸动作、装置告警等；

备用段（1BD）：备用端子。

背面右侧自上而下依次排列如下：

（1）直流电源段（2-ZD）：本间隔所有装置直流电源均取自该段；

（2）电压切换区。

交流电压段（2-7UD）：外部输入电压及切换后电压；

强电开入段（2-7QD）：用于电压切换；

信号段（2-7YD）：电压切换信号；

（3）线路保护区。

交流电压段（2-1UD）：保护装置输入电压（空开后）；

交流电流段（2-1ID）：保护装置输入电流；

弱电开入段（2-1RD）：用于保护；

遥信段（2-1YD）：保护动作、重合闸动作、装置告警等；

交流电源段（JD）：打印机电源；

备用段（2BD）：备用端子。

方案2：一回线路组一面屏（线路保护＋信号传输装置＋打印机）

背面右侧自上而下依次排列如下：

（1）直流电源段（ZD）：本间隔所有装置直流电源均取自该段；

（2）电压切换区。

交流电压段（7UD）：外部输入电压及切换后电压；

强电开入段（7QD）：用于电压切换；

信号段（7YD）：电压切换信号；

（3）线路保护区。

交流电压段（1UD）：保护装置输入电压（空开后）；

交流电流段（1ID）：保护装置输入电流；

弱电开入段（1RD）：用于保护；

遥信段（1YD）：保护动作、重合闸动作、装置告警等；

（4）远方信号传输装置区。

弱电开入段（11RD）：启动发信等；

信号段（11XD）：装置动作、装置异常；

网络通信段（TD）：本屏网络通信、打印接线和 IRIG-B 码对时等；

交流电源段（JD）：打印机电源；

备用段（BD）：备用端子。

3.4.22.22　保护压板布置

光缆跳闸保护设置 GOOSE 发送软连接片，不设置出口硬连接片。

同一面保护屏上的线路保护、辅助保护压板分装置自上而下依次排列。

光缆跳闸保护装置只设"远方操作"和"保护检修状态"硬连接片，保护功能投退不设硬压板。

线路保护装置连接片通常布置在第一排。

断路器保护装置连接片第一套通常布置在第一排，第二套通常布置在第二排。

短引线保护或 T 区保护第一套通常布置在第一排，第二套通常布置在第二排。

3.4.22.23　转换开关及按钮布置

（1）线路保护。

转换开关：打印机转换开关（可选）等；

按钮：复归按钮、打印按钮（可选）等。

（2）断路器保护。

转换开关：打印机转换开关（可选）；

按钮：复归按钮、打印按钮（可选）等。

（3）T 区（短引线）保护。

转换开关：打印机转换开关（可选）等；

按钮：复归按钮、打印按钮（可选）等。

3.4.23　主变保护

3.4.23.1　500kV 主变保护配置原则

500kV 变压器保护双重化配置两套主、后一体的电气量保护，电缆跳闸方式下可选配一套 220kV 断路器辅助保护，光缆跳闸方式下三相不一致应由变压器电气量保护实现。

500kV 变压器和高压并联电抗器根据技术条件配置一套本体非电量保护，电缆跳闸方式下由非电量保护装置实现，光缆跳闸方式下由本体智能终端实现。

3.4.23.2　500kV 主变保护二次回路要求

双重化配置的两套保护，每套完整、独立的保护装置应能处理可能发生的所有类型的故障。两套保护之间不应有任何电气联系，充分考虑到运行和检修时的安全性，当一套保护退出时不应影响另一套保护的运行。

双重化配置的两套保护的电流回路、电压回路、直流电源和跳闸回路相互独立。

非电量保护应设置独立的电源回路（包括直流空气小开关及其直流电源监视回路）和出口跳闸回路，且必须与电气量保护完全分开，在保护柜上的安装位置也应相对独立。

采用变压器保护动作接点解除失灵保护的复合电压闭锁，启动失灵和解除失灵电压闭锁应采用变压器保护不同继电器的跳闸接点。

3.4.23.3　500kV 主变保护 TA 和 TV 的要求

保护用 TA 的配置及二次绕组的分配应避免出现保护死区。
500kV 变压器差动保护和高压并联电抗器保护宜采用 TPY 级 TA。
TV 应为双重化配置的两套保护提供不同的二次绕组。

3.4.23.4　500kV 主变保护组屏要求

两套电气量保护各组一面屏（柜）。
双重化的两套保护不应共用电缆，不共 ODF 配线架；保护屏内光缆与电缆应布置于不同侧、或有明显分隔。

3.4.23.5 500kV 主变保护编号原则

500kV 主变保护装置编号以同屏内保护装置编号不重复为原则，其定义见表 50。

表 50 500kV 变压器、高抗保护装置编号原则

序号	装 置 类 型	装置编号	屏端子编号
1	电气量保护	1n	1D
2	电气量保护 1	1-1n	1-1D
3	电气量保护 2	2-1n	2-1D
4	电压切换箱	7n	7D

500kV 主变保护端子排编号采用装置编号＋回路编号，其定义见表 51。

表 51 500kV 变压器柜、高抗柜端子排分段编号原则

回路名称	端子排编号	回路名称	端子排编号	回路名称	端子排编号
交流电压	*UnD	强电开入	*QD	监控通信	TD
交流电流	*InD	遥信信号	*YD	备用端子	BD
直流电源	ZD				

"*"表示与装置编号对应的序号；
QD 含空气开关下口；
因厂家装置存在差异，对于无对外引接电缆的端子段不做统一要求，例如可以不设置 RD 段端子；
*UnD 段包含空气开关前和空气开关后，即交流电压空气开关前和空气开关后都上此段端子。

3.4.23.6 500kV 主变保护端子排布置

变压器电气量保护 A 屏（B 屏）端子排布置，背面右侧自上而下依次排列如下：

（1）直流电源段（ZD）：

（2）中压侧电压切换装置区。

交流电压段（2-7UD）（切换前后，空开前均上此段端子）；

强电开入段（2-7QD）；

遥信段（2-7YD）；

（3）变压器保护装置区。

交流电压段（1U1D）（高压侧切换后交流电压，空开后）；

交流电压段（1U2D）（中压侧切换后交流电压，空开后）；

交流电压段（1U3D）（低压侧交流电压空开前和空开后）；

交流电流段（1I1D）；

交流电源段（1I2D）；

交流电源段（1I3D）；

交流电源段（1I4D）；

强电开入段（1QD）；

遥信段（1YD）；

监控通信段（TD）；

备用段（BD）。

3.4.23.7　220kV 主变保护配置原则

220kV 变压器保护双重化配置两套主、后一体的电气量保护，光缆跳闸方式下三相不一致应由变压器电气量保护实现。

220kV 变压器根据技术条件配置一套本体非电量保护，电缆跳闸方式下由非电量保护装置实现，光缆跳闸方式下由本体智能终端实现。

3.4.23.8　220kV 主变保护二次回路要求

双重化配置的两套保护，每套完整、独立的保护装置应能处理可能发生的所有类型的故障。两套保护之间不应有任何电气联系，充分考虑到运行和检修时的安全性，当一套保护退出时不应影响另一套保护的运行。

双重化配置的两套保护的电流回路、电压回路、直流电源和跳闸回路相互独立。

非电量保护应设置独立的电源回路（包括直流空气小开关及其直流电源监视回路）和出口跳闸回路，且必须与电气量保护完全分开，在保护柜上的安装位置也应相对独立。

光缆跳闸变压器保护与各侧（分支）智能终端之间采用 GOOSE 网络传输，变压器保护跳母联、分段断路器及启动失灵等采用 GOOSE 网络传输，变压器保护闭锁备自投采用点对点直连，变压器保护通过 GOOSE 网络接收失灵保护跳闸命令，并实现失灵跳变压器各侧断路器。

3.4.23.9　220kV 主变保护 TA 和 TV 的要求

保护用 TA 的配置及二次绕组的分配应避免出现保护死区。

220kV 变压器保护宜采用 5P 级 TA，也可采用 TPY 型 TA；采用 P 级 TA 时，为减轻可能发生的暂态饱和影响，其暂态系数不应小于 2。

变压器保护各侧 TA 变比，不宜使平衡系数倍数大于 10。间隙应配置独立 TA，不允许与外接零序电流共用 TA。

新建或改造 TV 时，应为双重化配置的两套保护提供不同的二次绕组。

220kV 主变组屏要求：两套电气量保护各组一面屏（柜）。

双重化的两套保护不应共缆，不共 ODF 配线架；保护屏内光缆与电缆应布置于不同侧、或有明显分隔。

3.4.23.10　220kV 主变保护编号原则

220kV 主变保护装置编号以同屏内保护装置编号不重复为原则，其定义见表 52。

表 52　　　　　　　　　220kV 变压器保护装置编号原则

序号	装 置 类 型	装置编号	屏端子编号
1	电气量保护	1n	1D
2	电压切换箱	7n	7D

序号	装 置 类 型	装置编号	屏端子编号
3	高压侧电压切换箱	1-7n	1-7D
4	中压侧电压切换箱	2-7n	2-7D

220kV 主变保护端子排编号采用装置编号＋回路编号，其定义见表 53。

表 53　　　　　　　　　　**220kV 变压器柜端子排分段编号原则**

回路名称	端子排编号	回路名称	端子排编号	回路名称	端子排编号
交流电压	*UnD	强电开入	*QD	监控通信	TD
交流电流	*ID	遥信信号	*YD	备用端子	BD
直流电源	ZD				

"*"表示与装置编号对应的序号；

QD 含空气开关下口；

*UnD 段包含空气开关前和空气开关后，即交流电压空气开关前和空气开关后都上此段端子。

3.4.23.11　220kV 主变保护端子排布置

变压器电气量保护 A 屏（B 屏）端子排布置，背面右侧自上而下依次排列如下：

（1）直流电源段（ZD）；

（2）高压侧电压切换装置区。

交流电压段（1-7UD）（切换前后，空气开关前均上此段端子）；

强电开入段（1-7QD）；

信号段（1-7YD）；

（3）中压侧电压切换装置区。

交流电压段（2-7UD）（切换前后，空气开关前均上此段端子）；

强电开入段（2-7QD）；

信号段（2-7YD）；

（4）变压器保护装置区。

交流电压段（1U1D）（高压侧切换后交流电压，空气开关后）；

交流电压段（1U2D）（中压侧切换后交流电压，空气开关后）；

交流电压段（1U3D）（低压侧分支1交流电压空气开关前和空气开关后）；

交流电压段（1U4D）（低压侧分支2交流电压空气开关前和空气开关后）；

交流电流段（1I1D）；

交流电源段（1I2D）；

交流电源段（1I3D）；

交流电源段（1I4D）；

强电开入段（1QD）；

遥信段（1YD）；

监控通信段（TD）；

备用段（BD）。

3.4.23.12　110kV 主变保护配置原则

110kV 主变光缆跳闸装置应配置两套主后合一的电气量保护和配置一套非电量保护。

3.4.23.13　110kV 主变保护二次回路要求

双重化配置的两套保护，每套完整、独立的保护装置应能处理可能发生的所有类型的故障。两套保护之间不应有任何电气联系，当一套保护退出时不应影响另一套保护的运行。

双重化配置的两套保护的电流回路、电压回路、直流电源和跳闸回路相互独立。

非电量保护应设置独立的电源回路（包括直流空气小开关及其直流电源监视回路）和出口跳闸回路，且必须与电气量保护完全分开，在保护柜上的安装位置也应相对独立。

光缆跳闸变压器保护与各侧（分支）智能终端之间采用 GOOSE 网络传输，变压器保护跳母联断路器等采用 GOOSE 网络传输，变压器保护闭锁备自投采用点对点直连。

3.4.23.14 110kV 主变保护电流互感器和电压互感器的要求

保护用电流互感器的配置及二次绕组的分配应避免出现保护死区。

保护用电流互感器应采用 P 级，其暂态系数不小于 2。

电压互感器保护用绕组的二次回路应采用互感器额定电流为 4～6A 完全独立的单相专用空气开关。保护屏内 PT 回路使用额定电流为 1A 的专用空气开关。

3.4.23.15 110kV 主变保护组屏要求

每套主后合一变压器保护各组一面屏。

当变电所具有两套蓄电池时，变压器保护一与高压断路器接在一段蓄电池母线上，变压器保护二与低压侧断路器接在另一段蓄电池母线上。

3.4.23.16 110kV 主变保护编号原则

110kV 主变保护装置编号以同屏内保护装置编号不重复为原则，其定义见表 54。

表 54　　　　　　　10-110kV 元件保护装置及屏端子编号原则

序号	装　置　类　型	装置编号	屏端子编号
1	变压器保护、母线保护、接地变保护、站用变保护、电容器保护、电抗器保护	1n	1D
2	后备保护	2n	2D
3	操作箱（插件）	4n	4D

续表

序号	装　置　类　型	装置编号	屏端子编号
4	非电量保护	5n	5D
5	交流电压切换箱（插件）	7n	7D
6	母联（分段）保护	8n	8D

注1：2项变压器各侧后备保护装置编号分别为1-2n（高压侧后备保护）、2-2n（中压侧后备保护）、3-2n（低压1分支后备保护）和4-2n（低压2分支后备保护），接地变保护与变压器保护同组一面柜时为5-2n。

注2：3项变压器各侧操作回路端子编号分别为1-4D（高压侧操作回路相关端子）、2-4D（中压侧操作回路相关端子）、3-4D（低压1分支操作回路相关端子）和4-4D（低压2分支操作回路相关端子）。

注3：当同一面屏内布置两台及以上同类型装置时，以1-*n、2-*n等表示，"*"代表装置编号。

3.4.23.17　110kV 主变保护端子排布置

保护屏端子排设计背面左（右）侧端子排，自上而下依次排列如下：

（1）直流电源段（ZD）：本屏所有装置直流电源均取自该段；

（2）电压切换区（可选）。

交流电压段（7UD）：外部输入电压及切换后电压；

强电开入段（7QD）：用于电压切换；

信号段（7XD）：电压切换信号。

（3）变压器保护区。

交流电压段（1UD）：保护输入电压（空开后）；

交流电流段（1ID）：保护输入电流；

弱电开入段（1RD）：用于保护；

强电开入段（1QD）：用于保护；

遥信段（1YD）：保护动作、装置告警等；

网络通信段（TD）：网络通信、打印接线和 IRIG-B 时码对时；

交流电源段（JD）：打印机电源；

备用段（BD）：备用端子。

3.4.23.18 保护连接片及按钮配置

主变保护应设置复归按钮、打印按钮（可选）等。

保护增加远方操作硬连接片。

主变跳闸型非电量输入回路需配置连接片。

3.4.24 母线保护

3.4.24.1 500kV 母线保护配置原则

每段母线按双重化原则配置两套母线保护。

母线保护的配置应能满足最终一次接线。

3.4.24.2 500kV 母线保护二次回路要求

双重化配置的两套母线保护的电流回路、直流电源相互独立，跳闸回路应采用相互独立的光缆。

边断路器失灵输入回路采用 GOOSE 组网开入，开入应按间隔回路图应有相对应 GOOSE 接收软压板和详细名称。

3.4.24.3 500kV 母线保护装置编号原则

500kV 母线保护装置以同屏内保护装置编号不重复为原则，与 220kV 母线保护一致。

3.4.24.4 500kV 母线保护端子排编号原则

500kV 母线保护端子排采用装置编号＋回路编号，其定义见表 55。

表 55 光缆跳闸母线保护柜端子排分段编号原则

回路名称	端子排编号	回路名称	端子排编号	回路名称	端子排编号
直流电源	ZD	交流电流	1I*D	交流电源	JD
强电开入	1QD	遥信信号	YD	备用端子	BD
弱电开入	1RD	监控通信	TD		

"*"表示断路器支路编号。
QD 含空气开关下口。
因厂家装置存在差异，对于无对外引接电缆的端子段不做统一要求，例如可以不设置 RD 段端子。

3.4.24.5 500kV 母线保护端子排布置

背面左侧自上而下依次排列如下

直流电源段（ZD）；

强电开入段（1QD）；

弱电开入段（1RD）；

强电开入段 1（1-27QD）；

强电开入段 2（2-27QD）；

遥信段（YD）；

监控通信段（TD）；

交流电源段（JD）；

备用段（1BD）。

背面右侧自上而下依次排列如下

交流电流段（1I1D～1I9D）；

备用段（2BD）。

3.4.24.6 220kV 母线保护配置原则

应按双重化原则配置两套母线差动保护和失灵保护，应选用可靠的、灵敏的和不受运行方式限制的保护。

应配置 220kV 母联（分段）保护，可集成于母线保护或独立配置。

3.4.24.7　220kV 母线保护二次回路要求

双重化配置的两套母线保护的电流回路、直流电源相互独立，跳闸回路应采用相互独立的电缆或光缆。

各个间隔失灵输入回路采用 GOOSE 组网开入，开入应按间隔回路图应有相对应 GOOSE 接收软压板和详细名称。

3.4.24.8　220kV 母线保护装置编号原则

220kV 母线保护装置以同屏内保护装置编号不重复为原则，其定义见表 56。

表 56　　　跳闸装置母线保护、母联（分段）保护装置编号原则

序号	装　置　类　型	装置编号	屏端子编号
1	母线保护	1n	1D
2	母联（分段）保护 1	1-8n	1-8D
3	母联（分段）保护 2	2-8n	2-8D

如有保护装置为主机与子机两台组合的情况，主、子机装置分别编号为 1n、2n，屏端子编号为 1D、2D。

3.4.24.9　220kV 母线保护端子排编号原则

220kV 母线保护端子排编号采用装置编号＋回路编号，其定义见表 57。

表 57　跳闸装置母线保护［带母联（分段）保护柜］端子排分段编号原则

回路名称	端子排编号	回路名称	端子排编号	回路名称	端子排编号
直流电源	ZD	交流电流	1I*D	交流电压	1UD
强电开入	1QD	遥信信号	YD	交流电源	JD
弱电开入	1RD	监控通信	TD	备用端子	BD

"*"表示断路器支路编号。
QD 含空气开关下口。
因厂家装置存在差异，对于无对外引接电缆的端子段不做统一要求，例如可以不设置 RD 段端子。

3.4.24.10 220kV 母线保护端子排布置

220kV 母线保护端子排布置遵循"功能分段，支路分组"的原则。

交流电流回路按每个支路分组，柜内每侧底端集中预留备用端子。

每个功能段内端子排按支路独立编号。

公共端、同名出口端采用端子连线，配置足够连接端子。

对外每个端子的每个端口只允许接一根线，不允许两根线压接在一起。

交流电流和交流电压采用试验端子。

背面左侧自上而下依次排列如下

直流电源段 ZD；

强电开入段 1QD；

弱电开入段 1RD；

强电开入段 1-27QD；

强电开入段 2-27QD；

遥信段 YD；

监控通信段 TD；

交流电源段 JD；

备用段 1BD。

背面右侧自上而下依次排列如下

交流电压 1UD（空开前后均上此段端子）；

交流电流段 1I1D～1I*D；

备用段 2BD。

3.4.24.11 110kV 及以下母线保护配置原则

220kV 变电站的 110kV 母线应配置一套母线保护；

500kV 变电站低压母线应配置一套母线保护；

110kV 及以下系统需要快速切除母线故障时，可配置一套母线保护。

3.4.24.12 110kV 及以下母线保护端子排布置

背面左侧自上而下依次排列如下

直流电源段（2-ZD）：本间隔所有装置直流电源均取自该段；

母联保护区；

交流电流段（2-8ID）：保护装置输入电流；

弱电开入段（2-8RD）：用于保护；

信号段（2-8XD）：保护动作、装置告警等；

备用段（1BD）：备用端子。

110kV 及以下母线保护背面右侧自上而下依次排列如下

直流电源段（1-ZD）：本间隔所有装置直流电源均取自该段；

母联保护区；

交流电流段（1-8ID）：保护装置输入电流；

弱电开入段（1-8RD）：用于保护；

信号段（1-8XD）：保护动作、装置告警等；

网络通信段（TD）：本屏网络通信、打印接线和 IRIG-B 码对时等；

交流电源段（JD）：打印机电源；

备用段（2BD）：备用端子。

3.4.24.13 保护连接片及按钮配置

母线保护连接片设置及软硬压板配置见表 58。

表 58   保护功能软硬连接片配置表

序号	硬连接片名称	是否配软连接片	软硬连接片逻辑关系
1	远方操作硬连接片	无	
2	保护检修状态硬连接片	无	

母线保护设置保护复归按钮。

3.4.25　智能终端

3.4.25.1　总体原则

智能终端直流量采集温度、湿度等直流量信号测量功能，应通过智能终端上送。

智能终端装置应以虚遥信点方式发送收到及输出跳合闸命令的反馈。

主变本体智能终端的非电量保护跳闸通过控制电缆以直跳方式和断路器智能终端接口。

智能终端装置应具有与外部标准授时源的对时接口，对时方式宜采用光纤 IRIG-B 对时。

智能终端户外布置时，应采取措施，保障智能终端运行所需的环境条件。

3.4.25.2　智能终端配置原则

智能终端配置原则参见 3.3.1。

3.4.25.3　智能终端型号及软件版本命名规范

装置型号由图 17 中①、②、③、④部分的信息组成，装置面板应能显示装置型号；

版本信息由图 17 中⑥、⑦、⑧部分的信息组成；

装置软件版本由装置型号、版本信息组成，装置软件版本描述方法如图 17 所示。

表 59 规定的装置型号适用范围如下：

三相智能终端适用于三相机构控制断路器，也可用于控制母线刀闸；三相智能终端用于控制母线刀闸时可以称为母线智能终端；

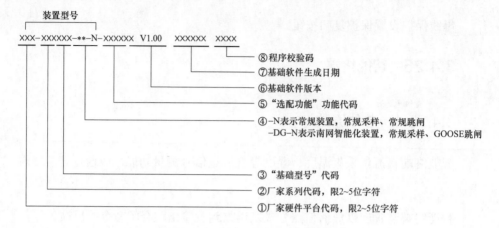

图 17　装置软件版本描述方法

表 59　　　　　　　　　　　智能终端"型号"代码分类表

序号	类型	分类	装　置　型　号	型号代码
1	智能终端	断路器	三相智能终端	ILA
2			分相智能终端	ILB
3		本体	本体智能终端 I 型	ITA
4			本体智能终端 II 型	ITB
5			本体智能终端 III 型	ITC

分相智能终端适用于分相机构控制断路器;

本体智能终端 I 型适用于三相主变和分相主变的单相,含非电量保护;

本体智能终端 II 型适用于分相主变的三相合一装置,含非电量保护;

本体智能终端 III 型适用于分相主变的三相合一装置,不含非电量保护。

3.4.25.4　智能终端控制回路

断路器智能终端双套配置而断路器操作机构配置单跳圈的情况下,需要将两套装置的跳闸接点并接;

常规站改造过程中,断路器智能终端与线路保护应同时改造,断路器智能终端应具备电缆 TJR 跳闸功能,并支持 GOOSE 方式转发 TJR 信号;

断路器防跳、断路器三相不一致保护功能以及各种压力闭锁功能宜在断路器本体操作机构中实现；智能终端应保留防跳功能，并可以方便取消防跳功能。

3.4.25.5　智能终端功能要求

断路器智能终端应至少具备以下功能：

操作电源掉电监视功能；

合后监视功能；

手合、手跳监视功能；

控制回路断线监视功能；

当双重化配置时，应具备手合接点输出功能，用于双套智能终端之间的配合；

重合闸压力低采集功能；

断路器智能终端宜具备闭锁重合闸输出组合逻辑：

当发生遥合/手合、遥跳/手跳、三跳启失灵不启重合、三跳不启失灵不启重合、闭重开入、本智能终端上电的事件时，应输出闭锁重合闸信号给本套保护；

双重化配置智能终端时，应具有输出至另一套智能终端的闭重接点。当发生遥合/手合、遥跳/手跳、GOOSE 闭重开入、三跳启失灵不启重合、三跳不启失灵不启重合的事件时，应输出闭锁重合闸信号给另一套智能终端。

主变本体智能终端应至少具备以下功能：

应提供完整的本体信息交互功能（非电量动作报文、调档及测温等）；

应提供隔离开关、接地刀闸的分合控制；

应提供刀闸控制回路闭锁输出接点；

应提供用于闭锁调压、启动风冷等出口接点。

3.4.25.6　智能终端的布置和组屏要求

智能终端的布置和组屏要求参照 3.3.3。

3.4.25.7 智能终端组柜要求

三相智能终端和分相智能终端命名为 4n，对应端子排为 4D；本体智能终端命名为 5n，对应端子排为 5D。对于一面柜内有 2 个以上同类装置情况，在编号前缀以"1-""2-"……加以区分。

双套配置的智能终端的直流电源应取自不同蓄电池组供电的直流母线段。

双套配置的智能终端布置在同一面柜内时，第一套智能终端的端子排布置在柜背面右侧，第二套智能终端的端子排布置在柜背面左侧。两套智能终端端子排的直流电源段应分别设置。

柜内设备和端子排等附件的布置合理，光纤敷设规范，应便于巡视、操作，方便检修。

3.4.25.8 智能终端端子排布置

断路器智能终端相关端子排

直流电源段（ZD）：装置直流电源取自该段；

强电开入段（4Q1D）：本套智能终端跳闸等接点，另一套智能终端闭重等接点；

出口段（4C1D）：装置跳闸、合闸出口，至断路器跳闸线圈；

强电开入公共段（4GD）：装置电源、开关位置、遥信告警开入等正电源；

强电开入段（4Q2D）：开关位置，刀闸位置，气室告警等开入量；

出口段（4C2D）：遥控相关出口回路；

遥信段（4YD）：运行异常、故障等接点。

母线智能终端相关端子排

直流电源段（ZD）：装置直流电源取自该段；

强电开入段（4Q1D）：相关强电开入量；

强电开入公共段（4GD）：装置电源、外部开入量等正电源；

强电开入段（4Q2D）：外部开入量；

出口段（4C2D）：遥控相关出口回路；

遥信段（4YD）：运行异常、故障等接点。

本体智能终端相关端子排

直流电源段（ZD）：装置直流电源取自该段；

强电开入段（5FD）：非电量保护跳闸开入；

出口段（5C1D）：非电量跳闸出口；

强电开入公共段（5GD）：装置电源、外部开入量等正电源；

强电开入段（5QD）：外部开入量；

出口段（5C2D）：遥控相关出口回路；

遥信段（5YD）：运行异常、故障等接点。

智能控制柜公共端子排

温湿度段（WD）：柜内温湿度回路；

交流段（JD）：交流电源相关回路；

备用段（1BD、2BD）：预留备用端子。

断路器智能控制柜右侧端子排（自上而下依次排列）

直流电源段（1-ZD）：本柜所有第一套智能终端直流电源均取自该段；

强电开入段（1-4Q1D）：第一套智能终端跳（合）闸等接点，第二套智能终端合闸、闭重等接点；

出口段（1-4C1D）：智能终端跳闸、合闸出口，至断路器第一组跳闸线圈、合闸线圈；

强电开入公共段（1-4GD）：第一套智能终端电源、开关位置、遥信告警等正电源；

强电开入段（1-4Q2D）：第一套智能终端开关位置，刀闸位置，气室告警等遥信端子；

出口段（1-4C2D）：第一套智能终端遥控相关出口回路；

遥信段（1-4YD）：第一套智能终端运行异常、故障等接点；

温湿度段（WD）：柜内温湿度回路；

交流段（JD）：交流电源相关回路；

备用段（1BD）：预留备用端子。

左侧端子排（自上而下依次排列）

断路器智能控制柜左侧端子排

直流电源段（2-ZD）：本柜所有第二套装置直流电源均取自该段；

强电开入段（2-4Q1D）：第二套智能终端跳闸等接点，第一套智能终端闭重等接点；

出口段（2-4C1D）：智能终端跳闸出口，至断路器第二组跳闸线圈；

强电开入公共段（2-4GD）：第二套智能终端电源、开关位置、遥信告警等正电源；

强电开入段（2-4Q2D）：第二套智能终端开关位置，刀闸位置，气室告警等遥信端子；

出口段（2-4C2D）：第二套智能终端遥控相关出口回路；

遥信段（2-4YD）：第二套智能终端装置运行异常、故障等接点；

备用段（2BD）：预留备用端子。

3.4.25.9 智能控制柜压板及按钮配置

智能终端跳合闸出口应设置硬压板。

智能终端装置应支持检修硬压板输入，当检修投入时，装置面板应具备明显指示表明装置处于检修，并在报文中置检修位。

智能终端保护出口压板应按下述配置：

分相断路器智能终端：遥控分闸出口、遥控合闸出口、保护 A 相跳闸出口、保护 B 相跳闸出口、保护 C 相跳闸出口、保护 A 相合闸出口、保护 B 相合闸出口、保护 C 相合闸出口；

三相断路器智能终端：遥控跳闸出口、遥控合闸出口、保护跳闸出口、保护合闸出口；

本体智能终端Ⅰ型：根据实际情况确定压板个数；

本体智能终端Ⅱ型：根据实际情况确定压板个数。

智能控制柜遥控压板应按下述配置

断路器智能终端：刀闸 1 遥控、刀闸 2 遥控、刀闸 3 遥控、刀闸 4 遥控、刀闸 5 遥控、刀闸 6 遥控、刀闸 7 遥控、刀闸 8 遥控；

母线智能终端：刀闸 1 遥控、刀闸 2 遥控、刀闸 3 遥控、刀闸 4 遥控、刀闸 5 遥控、刀闸 6 遥控、刀闸 7 遥控、刀闸 8 遥控；

本体智能终端：刀闸 1 遥控、刀闸 2 遥控、刀闸 3 遥控、刀闸 4 遥控、分接头遥控。

智能控制柜功能压板应按下述配置

断路器智能控制柜：装置检修；

本体智能控制柜：非电量 n 启动跳闸（n 根据现场确定数量）、装置检修。

注：上述压板如无具体对应时可取消。

转换开关和按钮按下述配置

复归按钮；

转换开关，断路器间隔应配置断路器手动操作转换开关：远方/就地、手合/手分。

3.4.25.10　智能终端相关二次回路要求

双重化保护的跳闸回路应分别与两个智能终端一一对应，两个智能终端应分别与断路器的两个跳闸线圈一一对应；

重合闸双套配置时，第二套智能终端的合闸接点与第一套智能终端的合闸接点并联后通过第一套智能终端的合闸回路接入断路器的合闸线圈；

智能终端应具备方便取消的防跳功能，并能提供可外接的防跳接点；智能终端防跳与机构防跳不能同时使用，采用机构防跳时应取消两套智能终端的防跳；同一间隔配置两套智能终端，采用智能终端的防跳功能时，其中一套智能终端的防跳回路串联接入断路器合闸回路，另一套智能终端防跳接点接入第一套智能终端的防跳启动回路，启动其防跳功能；

间隔层设备之间可以直接通过过程层 GOOSE 网络转发的信息，不应由智能终端转发，如启失灵信号、母差保护启线路远跳应直接由保护装置到保护装置；

高压并联电抗器非电量保护跳闸信号通过相应断路器的两套智能终端发送 GOOSE 报文，实现远跳；

安装过程层设备的智能柜应具备温湿度变送器，相关信号由智能终端采集后上送；

第二套智能终端的控制回路断线信号如需上报，其 TWJ 通过接入断路器常闭辅助接点来启动；

母联第二套智能终端所需手合信号，由第一套智能终端提供 SHJ 重动接点开入；

智能控制柜内的光缆和电缆应有明显隔离。

3.4.25.11　智能终端光缆选型及敷设要求

双重化保护的两套智能终端不使用同一根光缆，应采用各自独立的光缆，不共用 ODF 配线架、终端盒等光纤配套设备；光缆敷设应符合 GB 51171—2016《通信线路工程验收规范》的有关规定。

3.4.26　二次系统施工图设计说明

工程设计依据及内容、对初步设计评审意见的执行情况、施工及运行中的注意事项。

二次设备配置方案。

当设计方案需限制运行方式及使用条件时，应明确说明。

扩建工程时应描述原工程现状及与本期工程接口情况。

采用新技术、新设备、新材料、新工艺时，应详细说明技术特性及注意事项。

说明采用的标准工艺。

说明与相关专业的划分界限、接口要求。

二次系统施工图卷册目录。

二次设备接地、防雷、抗干扰措施、对等电位接地铜排的具体要求，应明确接地点接地具体技术要求：接地引线截面、接地体与地网的连接方式和连接点。

3.4.27 施工图纸深度

智能变电站二次系统的图纸深度要求应符合 DL/T 5458—2012《变电工程施工图设计内容深度规定》的相关规定，施工图较常规变电站增加信息逻辑图、装置虚端子表（图）、光缆（尾缆）联系图等，应包括但不限于以下主要内容。

二次系统信息逻辑图；

二次设备配置图；

站控层网络、过程层网络结构示意图；

全站设备站控层网络 IP 地址配置表；

全站设备过程层网络 VLAN 或静态组播配置表；

交换机端口配置图；

智能录波器组网图；

时间同步系统光缆联系图；

智能终端控制、信号回路图；

装置虚端子表（图）；

屏柜光缆（尾缆）联系图；

光缆、电缆清册。

3.5 工厂验收阶段审查细则

3.5.1 验收方案

3.5.1.1 时限要求

SCD 文件及虚端子表应在工厂验收前十个工作日内提交至业主方。收到 SCD 文件和虚端子表后，验收小组组长组织成员对 SCD 文件和虚端子表进行审核，将发现问题反馈给厂家并督促整改，工厂验收前一个工作日提交最终版。

交换机静态组播划分或 VLAN 划分表应在工厂验收前十个工作日内提交至业主方。收到划分表后，验收小组组长组织成员对划分表进行审核，将发现问题反馈给厂家并督促整改，工厂验收前一个工作日提交最终版。

验收小组组长在工厂验收开始前 2 个工作之内准备好相关资料，方便验收工作开展，需准备的资料包括但不仅限于以下：

审核通过的 SCD 文件及虚端子表；

审核通过的静态组播划分或 VLAN 划分表；

全站各 IED 设备 ICD 模型文件；

设计院提供的二次施工图纸；

全站二次设备清单；

过程层交换机端口配置表；

工厂验收作业指导书。

3.5.1.2 验收内容

参照智能变电站工厂验收平台搭建标准，对工厂搭建的验收平台进行检查和确认。

确认验收平台应有设计规模包含的所有间隔相关 IED 设备、过程层交换机、智能录波器等装置，如缺少相关 IED 设备，应要求厂家立即完善；

确认后台搭建完成，检查相关功能是否完善；

检查智能录波器所有通道配置完成；

检查采用 GOOSE 直跳模式的所有直联光纤均配置完成。

（1）全站 SCD 文件虚端子校验。

工厂验收中需要对所有间隔涉及保护功能的 SCD 虚端子回路进行校验，包括所有保护跳合闸回路、启失灵回路、启远跳回路、闭锁重合闸回路等，涉及测控的相关虚端子校验建议在站内现场验收时进行；

SCD 虚端子校验前需确认所有 IED 设备均已下装最新且正确的 CID 和 CCD 文件；

SCD 虚端子校验建议按照间隔类型分组进行；校验虚端子时，不仅需要检查各 IED 的现象是否正常，还需要确认智能录波装置各通道信号的正确性和唯一性；对于无液晶显示的 IED 设备（如智能终端），可以连接笔记本电脑通过虚拟液晶查看装置实时状态，验证虚回路的正确性；

为保证 SCD 文件修改时的唯一性和连贯性，建议由专人负责 SCD 文件修改和更新，并记录好修改原因和修改时间。

（2）交换机静态组播或 VLAN 划分验收。

优先建议使用交换机静态组播划分；

在实际抓包校验前，需确认静态组播表的正确性；

待所有过程层交换机均下装正确的 CSD 文件后，利用手持式抓包仪器，检查每个交换机端口发送的数据链路的正确性和唯一性。校验时，可以参照 SCD 文件，保证相应控制块数据正确。

（3）智能录波器验收。

检查故障录波、网络记录分析、二次系统可视化、智能运维功能等模块实用性；

检查智能录波器组网方式符合南方电网公司最新规范；

检查管理单元、采集单元配置符合南方电网公司最新规范。

3.5.1.3 记录反馈

验收小组按照验收依据进行验收工作的同时，需要实时做好问题记录、反馈和总结。对验收过程中发现的问题做好仔细记录，并实时反馈给工厂人员，并督促整改及跟进复验工作。

验收小组组长每日验收工作结束后应汇总、记录所有验收中发现的问题，及时反馈给工厂人员并持续跟进、记录整改进度和复验结果，做好及时更新；

验收小组组长每日编制验收工作简报，并上报给班长、主管等领导；

工厂验收结束 7 个工作日内，验收小组将编制好的验收总结及验收问题汇总表格上报至相关安生部备案。

验收小组在工厂验收期间，需要根据相关作业指导书形成纸质版验收记录，存档备案。

3.5.2 工程检测平台

3.5.2.1 总体原则

工厂验收阶段，要求系统集成商按照变电站本期规模搭建完整间隔工厂验收平台，110kV 及以上电压等级间隔设备应全部组网搭建，对于 10kV 过程层不组网的方案，10kV 设备可以不用搭建（10kV 分段除外），10kV 过程层组网的方案，全部设备应全部搭建（10kV 馈线、电容器、站用变可做典型间隔，其他应全部组网）。

装置程序应满足南方电网公司 10kV 及以上系统保护软件版本标准保护型号及软件版本的要求（以发布最新版为准），未经发布投产使用的装置型号及软件版本需经专项说明并授权使用。

SCD 文件及交换机静态组播划分或 VLAN 划分表应在工厂验收前两周内提交业主方审核，审核通过后方可开展工厂验收。其他类资料应在工厂验收前一日准备齐全，以备验收期间审核。

3.5.2.2　配置文件要求

ICD 文件的建模及扩展须符合 DL/T 860 和《智能变电站 IEC 61850 工程通用应用模型》的要求；ICD 文件应由装置厂商提供；此外，装置厂商还需提供完整的装置说明文档，包括模型一致性说明文档、协议一致性说明文档、协议补充信息说明文档。ICD 模型文件应使用南方电网公司发布的标准软件版本。（以发布的最新版本为准）

SCD 文件应能描述所有 IED 的实例配置和通信参数、IED 之间的通信配置以及变电站一次系统结构，SCD（含 SSD）文件由系统集成厂商配合设计单位完成。

SCD 文件应包含完整的版本、校验码及历史修订信息。并按照变电站本期规模完成完整配置。

交换机静态组播划分表或 VLAN 划分表应表示全站设备过程层网络静态组播或 VLAN 配置，包括设备名称、设备型号、端口 VLAN、端口地址、数据集名称、组播地址等。

3.5.2.3　资料检查

各厂家装置应提供以下资料，资料应完整：

装置硬件及系统配置参数清单；

装置技术说明书、设计安装手册、运行操作手册、测试检修手册；

设备出厂试验报告、合格证；

试验报告。

3.5.2.4 测试设备要求

试验平台验收应包括以下所需仪器仪表：

笔记本电脑（可自带笔记本电脑）；

手持式数字测试仪；

常规继电保护测试仪；

模拟断路器；

网线、光纤、万用表等配件；

光功率计；

网络测试仪。

3.5.3 配置文件

3.5.3.1 SCD 文件基本要求

宜包含 Substation 部分；

应规范 IED 设备（含过程层交换机）的物理端口及通信端口描述方式，光缆、光口、板卡的命名应保证全站唯一，明确虚端子与软压板之间关联；

明确描述物理端口、光缆连接及虚端子之间关联；

Header 元素的 id 值应填写配置工具的厂家名称、工具名称和工具版本；

SCD 文件中通信子网（Sub Network）按物理网络划分，全站子网宜划分成站控层网络和过程层网络两种类型，过程层网络按照电压等级划分，子网命名规则如图 18 所示。

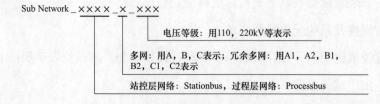

图 18　子网命名规则

3.5.3.2　MMS 配置

MMS 通信参数应配置 IP、IP-SUBNET 等，且 IP 应全站唯一，范围：0.0.0.0～255.255.255.255；

IP 地址采用标准的 C 类地址时，使用 192.168.Y.N 地址格式；IP 地址采用标准的 B 类地址时，使用 172.Y.X.N 地址格式；

IP 地址的第二字段"Y"宜遵循 A、B、C 及交换机网络，范围为 16～31，如 A 网使用"16"，B 网使用"17"，C1 网使用"21"，C1 网使用"22"，单网使用"20"，A 网交换机使用"18"，B 网交换机使用"19"，C 网交换机使用"23"，单网交换机使用"30"；

IP 地址的第三字段"X"宜定义为电压等级，如 500kV 为 50，330kV 为 33；

IP 地址的第四字段宜避免使用 1 和 255 等有特殊定义的数字。

3.5.3.3　GSE 配置

VLAN-ID 配置应为 3 位 16 进制值，范围从 0x000～0xFFF；

APPID 配置应为 4 位 16 进制值，范围从 0x0000～0x3FFF；

GSE 配置中 MinTime 和 MaxTime 的典型数值宜为 2ms 和 5000ms；

应确保 GOID、APPID、MAC-Address 参数的唯一性。

3.5.3.4　APPID 命名原则

所有 IED 设备按照电压等级由高到低排列，同一电压等级下不同间隔按照中心交换机->间隔交换机->线路->主变->母线->母联分段->其他的顺序排列，同一间隔 IED 设备按照先保护后智能终端顺序命名，如：500kV 过程层 A1/A2 网设置为 01××，500kV 过程层 B1/B2 网设置为 02××；220kV 过程层 A1/A2 网设置为 03××，220kV 过程层 B1/B2 网设置为 04××；110kV 过程层 A1/A2 网设置为 05××，110kV 过程层 B1/B2 网设置为 06××；35kV（20kV、10kV）

过程层 A1/A2 网设置为 07××，35kV（20kV、10kV）过程层 B1/B2 网设置为 08××；以此类推。如单个 IED 设备有多个 GOCB，按照 GOCB 的顺序确定 APPID 的顺序。

3.5.3.5　GOOSE 网组播 MAC 地址命名原则

GOOSE 网组播 MAC 地址后四位应与 APPID 命名一致。其对应规则如下。如 MAC：01-0C-CD-01-01-01 对应的 APPID 为 0101。

3.5.3.6　ICD 文件命名

ICD 文件采用"文件名.icd"的格式，如图 19 所示。文件名应包含装置型号、装置选配码、ICD 文件版本号和 ICD 文件校验码四部分，以半角字符中横杠（"-"）连接，各部分编写规则如下：

装置型号应包含保护装置软件版本的硬件平台代码、保护系列代码、保护基础型号代码、保护应用方式等四部分内容，且描述一致；

ICD 文件版本号描述该 ICD 文件的历史变更情况，应具备唯一性，依据 "V1.00" 的格式编写，并由制造商顺序编号、管理；

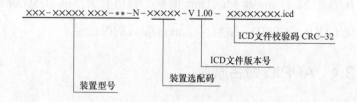

图 19　ICD 文件命名规则

3.5.3.7　配置文件版本要求

应生成全站 SCD 文件、IED 设备 CCD 文件的 CRC 校验码版本；

配置文件版本内容应包括 SCD 文件版本（version）、SCD 文件修订版本

（revision）和生成时间（when），修改人（who）、修改内容（what）和修改原因（why）可由用户填写。SCD 文件版本从 1.0 开始，当文件增加了新的 IED 或某个 IED 模型实例升级时，以步长 0.1 向上累加；SCD 文件修订版本从 1.0 开始，当文件做了通信配置、参数、描述修改时，以步长 0.1 向上累加，文件版本增加时，文件修订版本置 1.0；

ICD 模型文件校验码应符合南方电网公司发布的最新继电保护标准软件版本清单。

3.5.3.8　IEDNAME 命名原则

IED 设备中文描述应与变电站设备命名一致，IED 设备过程层数据集数据中文描述应与变电站现场实际命名一致。

IEDNAME 命名应包含装置类型、电压等级、类型序号和双重化编号四部分内容。装置类型命名规则如下：

"IED name" 采用 5 层结构命名：IED 类型、归属设备类型、电压等级、归属设备编号、间隔内同类装置序号。

实例：P_M2212A：母线，220kV Ⅰ/Ⅱ A 套母线保护；P_L2201B：线路，220kV 间隔01 B 套线路保护。装置类型命名规则如表 60 所示。

表 60　　　　　　　　IED name　命　名　表

第1字符	第2字符	第3字符	第4字符	第5字符	第6字符	第7字符	第8字符
IED 类型		归属设备类型	电压等级		归属设备编号		IED 编号
A_（辅助装置/auxiliary）		A（避雷器）	00（公用）		同线路编号规则		A（第一套）
B_（保信子站/fault information）		B（断路器）	04（380V）		500kV 等级为对应开关编号后两位如31，表示第三串第一个开关		B（第二套）
C_（测控装置/control）		C（电容器）	10（10kV）		同线路编号规则		C（第三套）
CM（在线状态监测/condition monitoring）		D	66（66kV）				D（第四套）

第1字符	第2字符	第3字符	第4字符	第5字符	第6字符	第7字符	第8字符
IED 类型		归属设备类型	电压等级		归属设备编号		IED 编号
D_（测距/distance）		E	35（35kV）				
EM（电能表/energy meter）		F	11（110kV）				
F_（低周减载/ Underfrequency）		G（接地变）	22（220kV）		同线路编号规则		
FI（保信子站/fault information）		H	33（330kV）				
I_（智能终端/intelligent terminal）		I	50（500kV）				
IB（本体智能终端/ transformer body）		J（母联）			01 为母联一、02 为母联二		
NI（非电量和智能终端 合一/NQ-IT）		K（母分）			同母联编号规则		
IP（交直流一体化电源/ Integrated power）		L（线路）			500kV 等级主变、 线路、高抗间隔为对 应边开关编号后两 位如 31，表示该线路 所对应的边开关为 5031；220kV 及以下 等级按照间隔顺序 如 01、02		
L_（过负荷联切/ over load）		M（母线）			母线-01 为一母、02 为二母、12 为 I／Ⅱ母		
M_（组合式合并单元/ merging）		N					
MC（电流合并单元/ current）		O					
MV（电压合并单元/ voltage）		P					
MN（中性点合并单元/ neutral）		Q					
MG（间隙合并单元/gap）		R					
MB（本体合并单元/ transformer body）		S（站用变）			同线路编号规则		
MI（合并单元和智能终端 合一/MU-IT）		T（主变）			同线路编号规则		

续表

第1字符	第2字符	第3字符	第4字符	第5字符	第6字符	第7字符	第8字符
IED 类型		归属设备类型	电压等级		归属设备编号		IED 编号
P_（保护/protect）		U					
PN（非电量保护/non-electrical Quantities）		V(虚拟间隔)					
PV（电压保护/voltage）		W					
PS（短引线保护/short-lead）		X（电抗器）			同线路编号规则		
PP（同步向量测量装置/phasor）							
RF（故障录波器/fault record）							
RN（网络分析仪/network message record）							
RM（故障录波与网分一体化装置）							
S_（稳控/stability）							
SP（备自投/Stand-by power）							
SW（交换机/switch）							
SC（同步时钟装置/clock）							
T_（远动机/Remote Terminal）							

注1：括号内为名称的注释或关键词，无注释的部分为备用；
注2：主变及本体 IED 归属于高压侧电压等级，主变各侧 IED 归属于各侧电压等级

3.5.3.9 虚端子连线基本规则

智能变电站虚端子连线总体原则参考南方电网公司常规站二次接线标准。其他细化要求参考本细则。

如 220kV 智能终端具有 TJF 不启动失灵的跳闸开入时，备自投、安稳等安自装置、主变跳母联/分段跳闸、保护三相不一致动作出口应接入不起动失灵的跳闸开入虚端子。

配置虚回路时，若有同名端子，则优先使用后缀小的虚端子（如 A 相跳闸

1、A 相跳闸 2……则优先使用 A 相跳闸 1）

智能终端订阅保护出口顺序应遵循以下原则：

220kV 母联智能终端订阅保护出口时，订阅顺序约定为：母线保护跳闸→主变保护跳闸→母线保护母联三相不一致跳闸。

220kV 分段智能终端订阅保护出口时，订阅顺序约定为：Ⅰ/Ⅱ母线保护跳闸→Ⅴ/Ⅵ母线保护跳闸→1 号主变保护跳闸→2 号主变保护跳闸→3 号主变保护跳闸→Ⅰ/Ⅱ母线保护分段三相不一致跳闸→Ⅴ/Ⅵ母线保护分段三相不一致跳闸。

110kV 分段智能终端订阅保护出口时，订阅顺序约定为：Ⅰ/Ⅱ母线保护跳闸→Ⅰ/Ⅵ母线保护跳闸→1 号主变保护跳闸→2 号主变保护跳闸→3 号主变保护跳闸→Ⅱ/Ⅵ母线保护分段三相不一致跳闸。

线路智能终端订阅保护出口时，保护永跳的订阅顺序约定为：母线保护跳闸→线路保护三相不一致跳闸。

主变高压侧智能终端订阅保护出口时，保护永跳的订阅顺序约定为：主变保护跳高压侧断路器出口→母线保护跳闸→主变保护三相不一致跳闸。

智能终端的位置类 GOOSE 信号（断路器、隔离开关）统一采用双位置信号。

对于桥断路器、母联断路器、3/2 主接线中断路器等可能存在二次设备极性接入冲突的场合，二次设备应能通过不同输入虚端子对电流极性进行调整。

GOOSE 虚端子信息包括开关量输入、跳闸出口、信号开出、告警、联闭锁等信息，并应配置到 DA 层次。

双套配置的主变保护其后备保护应跳主变相应侧的母联开关，主变保护 A 及主变保护 B 都应去主变本体智能终端"启动风冷"及"闭锁调压"。

各间隔线路保护"装置失电"等不能通过 GOOSE 报文上传的信号，需通过硬接线接至测控装置。

主变中压侧及低压侧跳闸回路只有一个的情况，原则为主变保护 A 通过过程层 A 网到第一套智能终端跳闸，主变保护 B 通过过程层 B 网到第二套智能终端跳闸，故第二套智能终端的跳闸接点需并接到第一套智能终端上。

对于配置了母线保护的站点，其主变保护的 GOOSE 接收中需有"高压侧失灵开入"及"中压侧失灵开入"，然后主变保护出口直接到主变间隔各侧智能终端联跳主变三侧。

当测控收到过程层设备上送的 GOOSE 信息时，GOOSE 时标应采用过程层设备的时标，虚端子中需映射过程层设备带时标的 GOOSE 信息；当测控向过程层设备发送 GOOSE 时，GOOSE 需带时标信息，时标应由测控装置完成，虚端子中需映射测控装置带时标的 GOOSE 信息。

若母线保护具备母联或分段 TJR 失灵开入内部虚端子，应将母联或分段智能终端三相起失灵信号接入母线保护相应 TJR 失灵开入内部虚端子。

220kV 及以上双套线路保护相互闭重采用双套线路智能终端电气连接的形式实现。

同一套保护应订阅发布端的同一个失灵出口，便于发送软压板投退。

3.5.3.10 SCD 文件配置检查

检查 SCD（含 SSD）文件 SCL 语法合法性、文件模型实例和数据集正确性、数据类型模板和扩展建模一致性、IED 命名规范性检查，应符合 DL/T 860.6 标准和《智能变电站 IEC 61850 工程通用应用模型》要求；

检查 SCD 文件 IP 地址、组播 MAC 地址、GoID、GOCBRef、AppID 等的唯一性，应符合设计要求；

检查 SCD 文件 VLAN、优先级等通信参数的正确性，应符合设计要求；

检查 SCD 文件虚端子连接及描述的正确性和完整性，应符合设计要求，检查 GOOSE 虚端子信息应包括开关量输入、跳闸出口、信号开出、告警、联闭锁等信息，并配置到 DA 层次；

检查 SCD 文件版本信息，应明确描述修改时间、修改版本号等内容；

检查 CID 文件配置文件下装正确性，由 SCD 文件中导出 CID 文件并下装至装置，离线模型配置的信息，在线模型应保持不变；

检查 CCD 文件校验码的正确性。

3.5.3.11 其他配置文件检查

ICD 模型文件版本校验码应符合南方电网公司发布的最新继电保护标准软件版本清单。

检查 IED 的过程层 CCD 文件与 SCD 文件保持一致，利用 SCD 配置工具生成各 IED 的 CCD 文件，将生成的 CCD 文件与在运行的 CCD 文件进行比对，确保两者一致。

SCD 文件中可纳入过程层交换机 ICD 配置文件，在具备条件情况下，交换机实例化配置文件 CSD 宜通过 SCD 文件生成并导出。

各装置实例化配置 CCD 文件应进行 GOOSE 发送/接收软压板及 GOOSE 断链告警信息实例化配置，与工程现场实际保持一致。

3.6 现场验收阶段审查细则

3.6.1 现场验收前资料

验收前资料项目、内容及要求如表 61 所示。

表 61   现 场 验 收 资 料

序号	验收前资料项目	内 容 要 求
1	验收表格及文件	整个站的验收计划表、阶段性问题反馈表、遗留问题表、各个间隔的验收表单
2	设备厂家资料	设备硬件清单及系统配置清单，设备出厂技术资料，包括一书三册
3	设计资料	现场施工更改草图、施工图一式两份；四遥信息表、虚端子表、设计变更文件电子版及纸质版各一份

序号	验收前资料项目	内 容 要 求
4	配置文件	SCD 文件、ICD 文件、CCD 配置文件、交换机配置 CSD 文件
5	调试相关资料	保护调试定值单；二次设备、监控系统调试报告；三级验收单；设计变更执行情况

3.6.2 现场验收完成要求

现场验收达到下列要求时，可认定为现场验收通过：

文件及资料齐全；

设备型号、数量、配置符合项目合同要求；

现场验收结果应满足项目合同、相关技术标准、验收标准及运行要求，无缺陷项目。

3.7 启动验收阶段审查细则

3.7.1 启动验收资料

启动验收资料项目、内容及要求如表 62 所示。

表 62   启 动 验 收 资 料

序号	启动验收资料项目	内 容 要 求
1	带负荷测试表	带负荷测试表按照间隔制定
2	正式定值	完成设备参数审查并出具正式定值。定值应按照间隔配置，包括远动配置定值、测控同期定值及各个保护设备定值。宜增设临时定值区（根据需要设定），如母线保护充电临时定值区，220kV 线路保护有无纵联保护、单套纵联保护临时定值区，110kV 线路保护有弱馈临时定值区等
3	启动方案	启动方案内容格式应符合《设备启动方案》相关要求
4	电子化移交	变电站设备台账，台账信息应包含设备型号、版本、厂家、各个板件技术参数、各个间隔投退压板表等详细信息；系统内台账还应包括每个设备的详细照片；变电站运行说明，运行说明应包括安自设备的操作及投退说明

3.7.2 设备参数

3.7.2.1 设备参数报送要求

工程管理部门在设备参数报送流程中宜增加设计单位审核环节。设计单位负责审核报送参数与设计是否一致。施工单位填报经由设计单位审核，最后由工程管理部门进行上报。对发生参数报送错误的情况，工程管理部门应对设计单位、施工单位进行评价考核。

工程管理部门在报送参数时应同步提供关键设备的装置参数铭牌。变压器、（接地变、站用变）、TA、TV、变低限流电抗器、中性点接地小电阻、主变中性点电抗、电容器等设备参数对于整定计算结果至关重要，且部分设备运行之后参数复查困难，须确保原始现场参数的完整保存。需要提供参数铭牌的装置清单及提供要求如下：

（1）设备铭牌参数报送范围。

所有设备的开关保护 TA、TV 铭牌。

变压器：变压器本体铭牌；变压器套管 TA 铭牌；变压器间隙 TA 铭牌；主变中性点电抗器/隔直装置铭牌。

电容器：电容器本体铭牌；不平衡 TA/TV 铭牌；零序 TA 铭牌。

站用变：站用变本体铭牌；站用变变高零序 TA 铭牌；站用变变低零序 TA 铭牌；消防水泵铭牌。

接地变、消弧线圈：接地变本体（中性点接地小电阻）、消弧线圈本体铭牌；接地变变高零序 TA 铭牌；接地变变低零序 TA 铭牌。

馈线：零序 TA 铭牌。

限流电抗器、并联电抗器：电抗器本体铭牌。

（2）设备铭牌参数要求及格式规范。

以数码照片 jpg 文件格式电子版进行报送，照片应能清晰分辨所有铭牌参数，能在照片上清楚地体现设备名称（如果铭牌不包含设备名称，应通过张贴打印标签等方式进行标识）。

原则上新建工程需在投产前 1 个月，扩建、改建变工程投产前 2 个星期完成铭牌参数报送。

照片文件应以间隔调度编号设备进行命名。

10kV 相同参数设备可以只拍摄其中一台设备的铭牌照片。三相的可以按照单相进行报送。

铭牌照片参数以打包电子版进行报送，以整站为单位打包为压缩文件进行上报。

3.7.2.2 设备参数移交要求

基建工程变电参数纳入验收资料，在工程投产时移交变电管理部门。基建部门报送基建参数时同步报送系统运行部及变电管理部门，变电管理部门在投产送电前及时对基建变电参数进行审查验收，将验收发现的参数问题立即反馈给系统运行部，系统运行部汇总所有部门参数意见，统一反馈至基建部门，基建部门根据反馈意见组织施工单位、设计单位再次核实后对参数报送资料进行修正，形成移交版参数资料经由系统运行部审核确认后，再报送至变电管理部门，变电人员审核无误后签名确认，最终将其纳入验收移交资料进行归档。

基建工程线路参数纳入验收资料在工程投产时移交输电管理部门。基建部门报送基建参数时同步报送系统运行部及输电管理部门，输电管理部在投产送电前对基建线路型号、同杆架设情况等参数正确性及实测参数的完整性进行审查验收。输电人员将验收发现的参数问题立即反馈给系统运行部，系统运行部汇总所有部门参数意见，统一反馈至基建部门，基建部门根据反馈意见组织施工单位、设计单位再次核实后对参数报送资料进行修正，形成移交版参数资料经由系统运行部审核确认后，再报送至输电管理部门，输电人员审核无误后签名确认，最终将其纳入验收移交资料进行归档。

变电管理部门在投产验收时必须重点负责 TA 参数正确性的校核。验收必须进行全部间隔 TA 通流试验，保存经签名确认后完整的升流验收报告。特别是零序电流 TA 变比投产后在运行过程中检测和校核困难，必须在源头做好管控。执行定值单时必须进行 TA 变比的核对，对新投产设备，与升流记录等验收资料对比，对在运行设备，新定值单需与在运行定值单对比。

变电管理部门在基建投产时，将铭牌参数归档保存，纳入设备运行基础资料管理。包含变压器、接地变、站用变、TA、TV、变低限流电抗器、中性点接地小电阻、主变中性点电抗等铭牌参数。

调试定值单的执行管理。整定计算人在基建工程投产前下发调试定值单，基建施工调试人员、变电验收人员现场用调试定值进行保护装置调试，必须及时将调试结果向定值计算人员书面进行回执反馈。整定计算人收到调试定值单回执后才予以下发正式定值单。

3.7.2.3　设备参数审查要求

建立参数审核机制，参数校对审核记录存档管理。

对于每次整定平台参数修改，严格执行现有的参数审核流程。平台参数需要修改或更新，整定计算人在网盘文档中文本存储参数修改或更新记录。分管整定计算的科室负责人不定期对参数更改记录情况进行检查。

利用整定平台功能改进，实现参数审核在整定平台中的完整记录，从而建立完整的参数审核机制。避免参数改动而未被记录的情况，并保证平台参数更改的责任明确和可追溯。

整定计算人持续开展定值参数梳理工作，包括原始参数是否确实，存档参数是否经过盖章审核，纸质参数是否有电子化存档，整定平台录入参数建模的正确性核查。每月进行梳理进度上报。

建立设备参数资料归档管理要求，规范整定相关的归档资料管理，明确电网参数资料归档管理的界面、内容和方法。将设备参数纳入公司档案管理。整定计算工作结束后，整定计算人将原始盖章参数进行入档存储，同时对纸质参数进行电子扫描，扫描版本进行备份存档。

3.7.3 启动方案

技改及新设备启动过程中，应采用已投运正常的保护作为启动设备的总后备保护，在启动设备故障，启动的保护装置不能正确动作时，总后备保护能正确动作，快速有效隔离故障，确保运行中设备正常运行。

审核启动过程中保护、安自装置投退顺序，防止保护、安自装置因二次回路接线错误，而未经正常负荷电流、电压校验的误动作。审核启动方案的临时保护措施的设置、启动完成后临时保护措施的恢复。

保护装置有更换，或相应 TA 二次回路有拆接、更改，该保护未经正常负荷电流、电压校验，认为该保护不可靠，需要考虑临时保护措施，避免启动过程中该保护拒动导致事故扩大。

3.7.4 带负荷测试

3.7.4.1 必要性

带负荷测试指对新安装的或设备回路有较大变动的装置在投运前利用一次电流与工作电压，测量电压、电流的幅值及相位关系，来判断装置接线正确性的最终检验。电流、电压回路的正确接入是继电保护装置可靠动作的最基本要求。"带负荷测试"是确保继电保护装置接线正确并安全稳定投入运行的最后一道防线。

3.7.4.2 测试要求

对接入电流、电压的相互相位、极性有严格要求的装置（如带方向的电流保护、距离保护等），其相别、相位关系以及所保护的方向是否正确。

检查电流差动保护（母线、发电机、变压器的差动保护、线路纵联差动保护及横差保护等）接到保护回路中的各组电流回路的相对极性关系及变比是否正确，差流是否正常。

利用相序滤过器构成的保护所接入的电流（电压）的相序是否正确、滤过器的调整是否合适。

每组 TA（包括备用绕组）的接线是否正确，回路连线是否牢靠。

3.7.4.3　测试项目

测量电压、电流的幅值及相位关系。

对使用 TV 三次电压或零序 TA 电流的装置，应利用一次电流与工作电压向装置中的相应元件通入模拟的故障量或改变被检查元件的试验接线方式，以判明装置接线的正确性。

测量电流差动保护各组 TA 的相位及差动回路中的差电流（或差电压），以判明差动回路接线的正确性及电流变比补偿回路的正确性。所有差动保护（母线，变压器，发电机的纵、横差等）在投入运行前，除测定相回路和差回路外，还必须测量各中性线的不平衡电流、电压，以保证装置和二次回路接线的正确性。

检查相序滤过器不平衡输出的数值应满足装置的技术条件。

对高频相差保护、导引线保护，须进行所在线路两侧电流电压相别、相位一致性的检验。

对导引线保护，须以一次负荷电流判定导引线极性连接的正确性。

3.7.4.4　相量图绘制

"相量图"法是在相量图上画出各个被测量与选定参考量的相位关系，进而判断误接线的一种方法，它是一种简单有效的相位检测方法。

相量图一般采用图 20 所示的带负荷测试判断用参考坐标系进行绘制,和传统直角坐标系有以下不同:

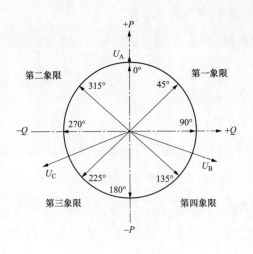

图 20 相量图

传统坐标系中,角的正、负规定是逆时针为正,顺时针为负。此坐标系中以顺时针为正,反映的是电流滞后电压的角度数据,故以顺时针为正。

传统坐标系中,x 轴正向为 0°。此坐标系统中,为便于与电力系统专业中三相电压的习惯表示方法相一致,兼顾有功功率、无功功率的正、负习惯相一致,故将纵轴正方向的$+P$ 轴、U_A 轴定义为 0°。

相量图具体绘制方法:在坐标系 12 点方向画出 A 相电压向量,根据测试结果画出 B 相、C 相电压相量。应注意正角度方向为顺时针方向。正常情况下,U_B 应滞后 U_A 120°,U_C 应超前 U_A 120°。然后根据测试出的电压与电流的相角,以 A 相电压为基准,顺时针旋转相应角度,画出各相电流相量。

3.7.4.5 结果分析

(1)电流幅值分析。

通过功率数据计算出一次电流值和 TA 变比,验证 TA 选用变比正确性。

三相电流幅值应基本相等。

三相合成的零序电流应为一极小不平衡电流值，一般情况下应小于 $0.05I_N$。两相合成的零序电流应和相电流基本相等。

双侧线路保护两侧差流、主变保护差流、母差保护差流一般情况下应小于 $0.05I_N$。

（2）电流相位分析。

三相电流相位差应接近 120°。

I_A、I_B、I_C 电流相量在相量图上应按顺时针方向依次排列。

双侧线路保护、双绕组主变保护两侧电流相位差应接近 180°。

（3）功率方向分析。

根据实际一次负荷，判断电流相量所处的象限和实际一次负荷是否一致。判断功率方向规定以母线流向负载（线路、主变、电容、电抗）为正，以负载（线路、主变、电容、电抗）流向母线为负。根据负荷测试判断用参考坐标系，以 U_A 为基准测得 I_A 电流所处象限时 P、Q 正负情况见表 63。

表 63　　　以 U_A 为基准测得 I_A 电流所处象限时 P、Q 正负情况表

I_A 所处象限	P	Q
一	正	正
二	正	负
三	负	负
四	负	正

根据实际一次负荷，计算电流相位角度是否正确。根据功率因数角公式 $\varphi = \arctan(Q/P)$ 来判断电流角度是否正确。

3.7.4.6　注意事项

使用相位表时应注意：

应注意相位读数的含义（一般为电流滞后电压值）。

应注意电流钳表的使用方向（一般为箭头指向装置方向）。

测试时注意防止 TV 二次短路，TA 二次开路。

测试时应测量包含备用绕组等 TA 全部的二次绕组。

应根据实际一次负荷情况分析测试数据，如所测的结果与实际一个负荷不一致时，应进行认真细致地分析，查找确实原因，不允许随意改动保护回路的接线。

3.7.4.7 测试模板

测试模板如表 64、表 65 所示。

表 64 P、Q、I 值

P（MW）	Q（Mvar）	arctan（Q/P）	I（A）

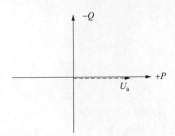

表 65 带负荷测试记录表

TA 组别 / 测量值		I （A）			U （基准电压：V）			TA 变比	备注
用途	回路号	A 相	B 相	C 相	A 相	B 相	C 相	记录值	
保护 1									
保护 2									
母差 1									
母差 2									
安稳									

TA 组别 ＼ 测量值	I （A）		U （基准电压：V）		TA 变比	备注
录波						
测量						
计量						
母差差流						

全站 TV 中性线 N600 一点接地电流记录：

该线路启动前电流值：＿＿mA；该线路送电后电流值：＿＿mA。

（要求一点接地电流＜50mA，送电前后变化＜20mA）。

3.7.4.8　测试结果

常见线路带负荷测试结果如图 21 所示。

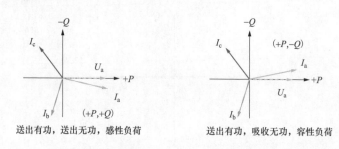

图 21　相量图（常见线路带负荷测试结果）

常见主变带负荷测试结果如图 22 所示。

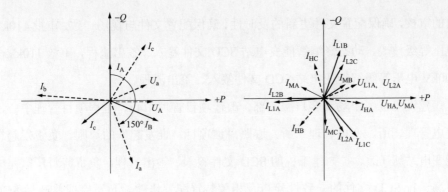

图 22　相量图（常见主变带负荷测试结果）

3.8　运维阶段审查细则

3.8.1　总体要求

3.8.1.1　有关部门职责划分

为规范智能变电站配置文件的管理，确保 SCD 等配置文件的一致性和正确性，相关部门应开展基于智能变电站配置文件管理系统实现智能变电站配置文件的全流程管控。

智能变电站配置文件的管理以 SCD 文件为中心，通过划分相关部门职责和明确业务流程，为智能变电站配置文件的有效管理提供制度保障，以某供电局为例，职责划分如下：

专业管理部门（系统运行部）负责制定 SCD 文件管理制度、流程，监督考核 SCD 文件管控业务规范性，审批 110kV～500kV 电压等级新、扩建工程及 220kV～500kV 电压等级技改、动态修编智能变电站 SCD 文件签入、签出流程。

运维部门（变电管理一所、变电管理二所）负责智能变电站新（改、扩）建验收、运维、反措过程中 SCD 等配置文件的验收、审查及归档管理，负责 SCD 文件修改申请、归档申请流程的审核，负责智能变电站配置文件签入、签

出的审核，确保配置文件更新的及时性、确保配置文件与现场一致，审批 110kV
电压等级技改、动态修编智能变电站 SCD 文件签入、签出流程，审核 110kV～
500kV 电压等级智能变电站 SCD 文件签入、签出流程。

建设单位（市场及客户服务部、改迁项目管理中心、工程项目管理中心、
变电管理一所、变电管理二所）遵照"谁项目，谁发起"的原则，负责发起智
能变电站新（改、扩）建工程的 SCD 文件签入、签出流程，负责监督厂家完成
现场运行 SCD 文件的一致性检查及相关装置配置修改，负责完成修改后 SCD
文件验证工作，负责智能变电站新（改、扩）建工程的 SCD 文件版本的调试验
证并将最终版本移交给运维单位，确保配置文件更新的及时性、确保配置文件
与现场一致。

3.8.1.2 改、扩建工程要求

改、扩建时，运行维护单位应运用技术手段（优先使用配置文件运行管理
模块的差异比较和展示功能）保证 SCD 文件在改、扩建过程中的唯一性与正确
性。设计单位、施工单位、调试验收单位、运行维护单位均不应修改 SCD 文件
中与改、扩建间隔无关的部分。改、扩建变更 SCD 文件后，应将变更后的 SCD 文
件与变更前的 SCD 文件进行比对，确认变更部分不会影响其他无关运行设备。

改、扩建变更 SCD 文件后，SCD 文件中与改、扩建无关的 IED 设备应计
算设备本身虚端子或 CCD 文件 CRC 校验码，与实际运行的该 IED 设备的虚端
子或 CCD 文件 CRC 校验码进行核对比较，确认没有变化。对于无法计算虚端
子 CRC 校验码的 IED 设备，宜结合改、扩建工程进行装置升级。

3.8.2 权限管理

3.8.2.1 机构划分

系统运行部（电力调度控制中心）：审核、审批调管范围内 220kV～

500kV 电压等级智能变电站 SCD 配置文件的签入、签出流程；审核、审批调管范围内 110kV 电压等级新、扩建智能变电站 SCD 配置文件的签入、签出流程。

市场及客户服务部：发起、审核项目部范围内 110kV～500kV 电压等级新、扩建智能变电站 SCD 配置文件的签入、签出流程。

改迁项目管理中心：发起、审核项目部范围内 110kV～500kV 电压等级新、扩建智能变电站 SCD 配置文件的签入、签出流程。

工程项目管理中心：发起、审核项目部范围内 110kV～500kV 电压等级新、扩建智能变电站 SCD 配置文件的签入、签出流程。

变电管理一、二所：发起、审核检修范围内 110kV～500kV 电压等级技改、动态修编智能变电站 SCD 配置文件的签入、签出流程；审批检修范围内 110kV 电压等级技改、动态修编智能变电站 SCD 配置文件的签入、签出流程；审核检修范围内 110kV～500kV 电压等级智能变电站 SCD 配置文件的签入、签出流程。

3.8.2.2　人员职责

系统运行部（电力调度控制中心）继电保护部主管

对于深圳电网的 110kV～500kV 电压等级智能变电站具备以下职责。

（1）审批 110kV～500kV 电压等级新、扩建智能变电站 SCD 配置文件签入流程。

（2）审批 220kV～500kV 电压等级技改、动态修编智能变电站 SCD 配置文件签入流程。

市场及客户服务部主管

对于本项目部范围内的 110kV～500kV 电压等级智能变电站具备以下职责。

审核 110kV～500kV 电压等级新、扩建智能变电站 SCD 配置文件签入流程。

改迁项目管理中心主管

对于本项目部范围内的 110kV～500kV 电压等级智能变电站具备以下职责。

审核 110kV～500kV 电压等级新、扩建智能变电站 SCD 配置文件签入流程。

工程项目管理中心主管

对于本项目部范围内的 110kV～500kV 电压等级智能变电站具备以下职责。

审核 110kV～500kV 电压等级新、扩建智能变电站 SCD 配置文件签入流程。

变电管理一、二所继电保护部主管

对于本所检修范围内的 110kV～500kV 电压等级智能变电站具备以下职责。

（1）审批 110kV 电压等级技改、动态修编智能变电站 SCD 配置文件签入流程。

（2）审核 110kV～500kV 电压等级新、扩建智能变电站 SCD 配置文件签入流程。

（3）审核 220kV～500kV 电压等级技改、动态修编智能变电站 SCD 配置文件签入流程。

系统运行部（电力调度控制中心）专业管理人员

对于深圳电网的 110kV～500kV 电压等级智能变电站具备以下职责。

（1）审批 220kV～500kV 电压等级智能变电站 SCD 配置文件签出流程。

（2）审核 220kV～500kV 电压等级智能变电站 SCD 配置文件签入流程。

（3）审核 110kV 电压等级新、扩建智能变电站 SCD 配置文件签入流程。

变电管理一、二所继电保护部专业管理人员

对于本所检修范围内的 110kV～500kV 电压等级智能变电站具备以下职责。

（1）审批 110kV 电压等级技改、动态修编智能变电站 SCD 配置文件签出流程。

（2）审核 220kV～500kV 电压等级智能变电站 SCD 配置文件签出流程。

（3）审核 110kV～500kV 电压等级智能变电站 SCD 配置文件签入流程。

变电管理一、二所继保自动化班组班长

对于本班检修范围内的 110kV～500kV 电压等级智能变电站具备以下职责。

（1）审核 110kV～500kV 电压等级智能变电站 SCD 配置文件签入、签出流程。

（2）负责检查签入流程中的 110kV～500kV 电压等级智能变电站 SCD 配置文件的正确性与完整性。

市场及客户服务部项目经理

对于项目范围内的 110kV～500kV 电压等级智能变电站具备以下职责。

（1）发起 110kV～500kV 电压等级新、扩建智能变电站 SCD 配置文件签入、签出流程。

（2）负责检查签入流程中的 110kV～500kV 电压等级新、扩建智能变电站 SCD 配置文件的正确性与完整性。

（3）发起人需负责签入流程中的 110kV～500kV 电压等级新、扩建智能变电站其他配置文件资料（ICD、CCD、CID、交换机配置等）上传建档。

改迁项目管理中心项目经理

对于项目范围内的 110kV～500kV 电压等级智能变电站具备以下职责。

（1）发起 110kV～500kV 电压等级新、扩建智能变电站 SCD 配置文件签入、签出流程。

（2）负责检查签入流程中的 110kV～500kV 电压等级新、扩建智能变电站 SCD 配置文件的正确性与完整性。

（3）发起人需负责签入流程中的 110kV～500kV 电压等级新、扩建智能变电站其他配置文件资料（ICD、CCD、CID、交换机配置等）上传建档。

工程项目管理中心项目经理

对于项目范围内的 110kV～500kV 电压等级智能变电站具备以下职责。

（1）发起 110kV～500kV 电压等级新、扩建智能变电站 SCD 配置文件签入、签出流程。

（2）负责检查签入流程中的 110kV～500kV 电压等级新、扩建智能变电站 SCD 配置文件的正确性与完整性。

（3）发起人需负责签入流程中的 110kV～500kV 电压等级新、扩建智能变电站其他配置文件资料（ICD、CCD、CID、交换机配置等）上传建档。

变电管理一、二所项目经理

对于项目范围内的 110kV～500kV 电压等级智能变电站具备以下职责。

（1）发起 110kV～500kV 电压等级技改智能变电站 SCD 配置文件签入、签出流程。

（2）负责检查签入流程中的 110kV～500kV 电压等级技改智能变电站 SCD 配置文件的正确性与完整性。

（3）发起人需负责签入流程中的 110kV～500kV 电压等级技改智能变电站其他配置文件资料（ICD、CCD、CID、交换机配置等）上传建档。

变电管理一、二所继保自动化班组工作负责人

对于本班检修范围内的 110kV～500kV 电压等级智能变电站具备以下职责。

（1）发起 110kV～500kV 电压等级动态修编智能变电站 SCD 配置文件签入、签出流程。

（2）负责检查签入流程中的 110kV～500kV 电压等级智能变电站 SCD 配置文件的正确性与完整性。

（3）发起人需负责签入流程中的 110kV～500kV 电压等级智能变电站其他配置文件资料（ICD、CCD、CID、交换机配置等）上传建档。

3.8.3 流程管理

对于新、扩建工程竣工验收时，应执行签入操作，首次 SCD 文件上传前应开展合法性检查、配置一致性确认、虚端子 CRC 校验码校核等工作。对于技改、动态修编工作，涉及 SCD 文件变更时应执行签出、签入操作。

流程节点由"部门类型—执行部门—操作权限"三级构成。

对于工期并行的工程（主要涉及扩建工程、变电技改、综自改等），建设单位应做好沟通，按投产时序及时完成签入、签出流程，确保 SCD 文件版本（CRC 校验码）唯一性与正确性。

智能变电站 SCD 配置文件签入、签出流程。

3.8.3.1 签入流程

签入 SCD 文件时，应由具备操作权限的人员执行。

签入 SCD 文件时，应执行以下检查和校核工作，无误后才能设为签入成功：

（1）配置一致性保证：应保存配置一致性保证书的扫描件或照片；

（2）合法性检查：对提交的 SCD 文件执行合法性校验；

（3）SCD 文件 CRC 码校核：应依据《智能变电站 IEC 61850 工程通用应用模型（试行）》的要求，计算全站 SCD 文件和各 IED 设备 CCD 文件的 CRC 校验码；当各 IED 设备 CCD 文件的 CRC 校验码计算结果与 SCD 文件中各 IED 设备虚端子 CRC 校验码有任何不一致情况时，应提示用户并给出不一致的 IED 列表，用户可中止签入操作。

签入成功后，解除该 SCD 文件的锁定状态，形成 SCD 文件新版本，应对 SCD 文件重新命名，并记录文件的原有名称，完成归档。

3.8.3.2 签出流程

签出 SCD 文件时，应由具备操作权限的人员执行，并录入签出用途等信息。

签出成功后，应立即将该 SCD 文件锁定，直至下次签入成功。当 SCD 文件锁定时，不允许执行签出及相关属性的编辑操作。

签出成功后，应允许具备操作权限的人员取消 SCD 文件签出状态，取消签出状态后不允许已签出的 SCD 文件执行签入操作。

3.8.4　站点管理

考虑到智能变电站配置文件的多样性，应支持 SCD、ICD、CID、交换机配置文件、施工图纸等建设资料的导入，将配置文件以变电站进行划分，根据变电站建设特点，将不同工期的变电站资料以工程为管理单位进行分类管理，以达到建设资料的全周期管理、资料阶段性存档和历史版本追溯。

SCD 配置文件存入管控模块根据变电站建设特点，按照变电管理一、二所—电压等级—变电站—新（改、扩）建工程，分级展示。即变电管理一、二所下分为若干电压等级，电压等级下包含若干变电站，每个变电站下根据工程建设特点分为若干个工程，例如新建工程、扩建工程、技改工程等。

3.8.5　配置文件签入/签出流程示例

110kV～500kV 电压等级新建智能变电站 SCD 配置文件签入流程如图 23 所示。

220kV～500kV 电压等级改、扩建智能变电站 SCD 配置文件签入流程如图 24 所示。

220kV～500kV 电压等级改、扩建智能变电站 SCD 配置文件签出流程如图 25 所示。

110kV 电压等级改、扩建智能变电站 SCD 配置文件签入流程如图 26 所示。

110kV 电压等级改、扩建智能变电站 SCD 配置文件签出流程如图 27 所示。

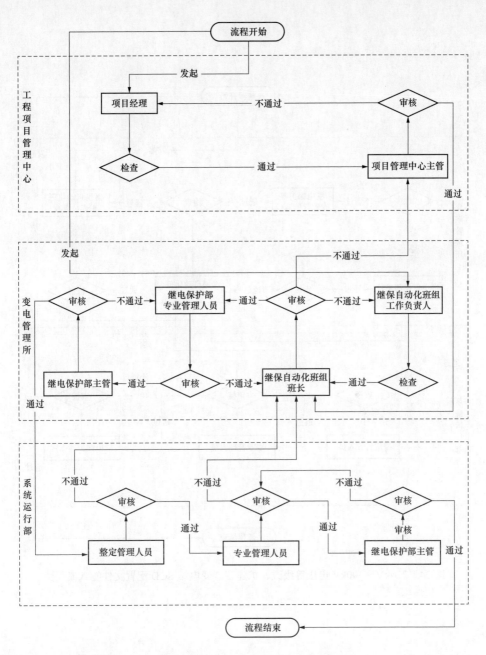

图 23　110kV～500kV 电压等级新建智能变电站 SCD 配置文件签入流程图

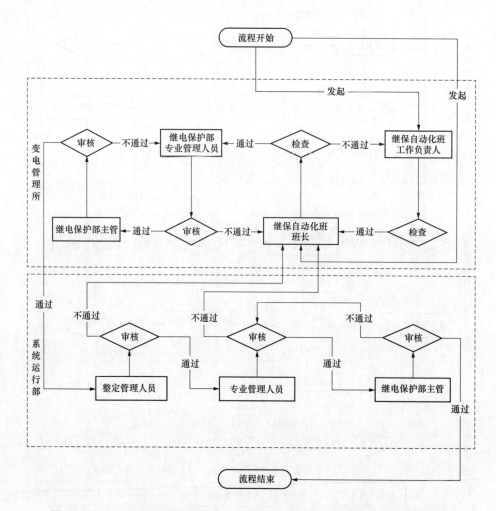

图 24　220kV～500kV 电压等级改、扩建智能变电站 SCD 配置文件签入流程图

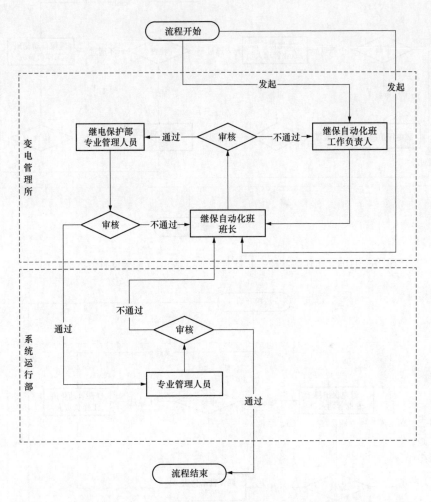

图 25　220kV～500kV 电压等级改、扩建智能变电站 SCD 配置文件签出流程图

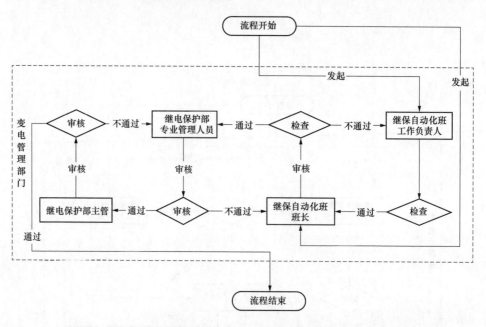

图 26　110kV 电压等级改、扩建智能变电站 SCD 配置文件签入流程图

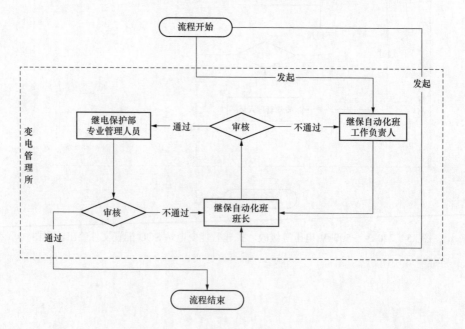

图 27　110kV 电压等级改、扩建智能变电站 SCD 配置文件签出流程图

3.8.6　配置文件管理平台功能要求

3.8.6.1　基本要求

应具备 SCD 文件的签入、签出、版本及归档管理等功能，配备 SCD 可视化查看、SCD 版本差异比较等工具。

3.8.6.2　签入管理

应支持相关人员对签入 SCD 文件的检查、分析和利用，也可作为签入成功的可选项。

（1）SCD 文件的可视化查看工具；

（2）SCD 文件的版本化存储、差异化比较及展示；

（3）生成 SCD 文件所使用 ICD 文件的清单，并可导出成电子表格文件；

（4）生成 SCD 文件变更后需下装的装置列表，并可导出成电子表格文件；

（5）支持 SCD 文件的压缩上传。

3.8.6.3　配置一致性保证书

应根据签入的 SCD 文件自动生成配置一致性保证书模板，模板包括所有 IED 设备的 CCD 文件 CRC 校验码列表以及签字页，供现场人员确认并签字。

3.8.6.4　合法性检查

SCD 文件合法性检查的内容包括：

（1）依据 DL/T 860 等标准执行文件的合法性校验；

（2）SCD 文件与 ICD 文件的同源性检测；

（3）CID、CCD 文件与 SCD 文件的一致性检测。

检查结果分错误、警告、提醒三种类型。未发现错误时才允许签入。检查结果应生成报告，供用户下载。

3.8.6.5 可视化

应支持以图形化方式展示 SCD 文件，方便运维人员查阅二次回路等信息。

应支持以下展示方式：

（1）子网信息展示：以图形化方式直观展示各通信子网的基本信息，展示子网中的智能装置以及智能装置与子网的连接信息，如 IP 地址、MAC 地址等。

（2）IED 数据收发关系展示：以图形化方式直观展示 IED 及其包含的控制块，并通过控制块展示 IED 之间的数据收发关系。

（3）虚回路展示：以图形化方式直观展示智能装置之间的虚回路。

（4）虚端子展示：以图形化方式直观展示智能装置的输入、输出端子，并展示端子关联的外部信息。

（5）对象属性展示：以列表方式全面展示 SCD 文件版本及历史记录、子网属性、IED 属性、控制块属性、数据集属性信息。

3.8.6.6 差异比较和展示

应支持不同版本的 SCD 文件比较，并以图形化方式展示差异，方便生产运行人员直观了解、掌握版本的变更内容，包括各 IED 设备的虚回路 CRC 校验码随 SCD 文件版本变更。

应包含以下功能：

（1）通信子网差异比较：全面比较子网内的访问点、控制块、IP 地址、MAC 地址等信息。

（2）IED 设备差异比较，具体包括：

属性差异：比较 IED 设备的名称、描述等属性信息。

控制块差异：比较控制块及其属性信息。

数据集差异：比较数据集及其属性信息。

回路差异：比较回路信息。

（3）SCD 文件基本信息比较：比较 SCD 文件版本、版本修订记录、全站 SCD 文件虚端子 CRC 校验码等信息。

3.8.6.7　CID 及 CCD 等文件管理

应支持以结构列表对 CID、CCD、过程层交换机配置等装置实例化文件进行管理。具体包括：

（1）支持 CID、CCD、过程层交换机配置文件上传和下载；

（2）支持 CID、CCD 文件与 SCD 文件的一致性检测，保障数据的有效性；

（3）支持比较不同历史版本的 CID、CCD 和过程层交换机配置文件的差异；

（4）检索各历史版本的 CID、CCD、过程层交换机配置文件。

3.8.6.8　ICD 文件管理

应支持对系统配置所使用的各 IED 设备 ICD 文件的管理，用于分析 SCD 文件所使用的 ICD 文件的同源性。

管理员用户可上传统一发布的 ICD 文件并提供相关信息。

工程用户可上传系统配置使用到的、但尚未统一发布的 IED 设备 ICD 文件。上传时，模块应详细记录这类文件的工程名称、厂家、装置型号、装置软件版本、上传人员等信息，并依据《智能变电站 IEC 61850 工程通用应用模型》标准进行合法性检查，检查出的问题应给出提示。

3.8.6.9　SCD 与 CID、CCD 一致性校验

在上传全站 CID、CCD 文件时，自动比对 CID、CCD 和 SCD 的一致性，同时管理模块提供在线检测的服务可随时使用，依据智能变电站二次管理模块信息模型校验规范，比较 SCD 文件中实例化装置与指定 CID、CCD 文件是否一致。

3.8.6.10　配置文件归档管理

作为唯一性管理的基础，文件存储功能将从基建到运维检修所有的文件及资料统一进行管理。这些文件包括配置文件（SCD 文件、SSD 文件、ICD 文件、CID 文件、CCD 文件、交换机配置文件）、VLAN 划分表、虚端子表、通信配置表、电子版图纸、装置光纤连接图、光纤标签、光纤熔接图、装置压板说明、调试报告等。

智能站内的一次系统接线图也支持保存，可以考虑 CAD 文件导入、手工绘制，或者后期从站内综合自动化系统中直接获取保存。存放入管控系统的一次接线图支持直接查看、导出等操作。

当工程新建完毕后进入状态"提交资料中"，此时，资料提交单位可向工程中提交资料，当资料提交单位签入 SCD 文件后，流程开始执行。工程按照指定流程，逐个经过各个环节的审核、批准并最终归档。

附录　智能变电站继电保护并网全过程
管控审查细则要点一览表

审查细则要点一览表

并网全过程	审查内容	图档完整性	文件规范性	设备配置	实回路规范	虚回路规范	组屏方案	装置、端子排布置及命名规范
可行性研究阶段	可研报告	●	●	●				
初步设计阶段	施工图卷册目录清单	●	●					
	站控层、间隔层、过程层设备配置原则及技术条件	●	●	●			●	●
	设备组屏布置要求	●	●	●			●	●
	电气二次设备清册	●	●	●				
施工阶段	电流回路	●	●		●			
	电压回路	●	●		●			
	电源回路	●	●		●			
	断路器及刀闸回路	●	●		●			
	联锁回路	●	●		●			
	信号回路	●	●		●			
	通道	●	●		●			
	二次回路标号原则	●	●		●			
	二次系统信息逻辑图	●	●	●		●		
	二次设备配置图	●	●	●		●	●	●
	站控层网络、过程层网络结构	●	●			●	●	●
	全站设备站控层网络 IP 地址配置	●	●			●	●	●
	过程层交换机	●	●	●		●	●	●
	全站设备过程层网络 VLAN 或静态组播配置	●	●			●		

并网全过程	审查内容	图档完整性	文件规范性	设备配置	实回路规范	虚回路规范	组屏方案	装置、端子排布置及命名规范
施工阶段	虚端子表	●	●			●		
	智能录波器组网结构	●	●	●		●	●	●
	时间同步系统光缆联系	●	●	●		●	●	●
	屏柜光缆（尾缆）联系	●	●			●	●	
	光缆、电缆清册	●	●			●	●	
	线路保护	●	●	●		●	●	●
	主变保护	●	●	●		●	●	●
	母线保护	●	●	●		●	●	●
	智能终端	●	●	●		●	●	●
出厂验收	验收方案	●	●	●	●	●	●	
	工程检测平台	●	●	●	●	●	●	●
	SCD 文件	●	●	●		●		
现场验收	验收前资料（验收大纲、文件、一书三册、图纸）	●	●					
	并网前验收资料（验收表单）	●	●					
	启动验收资料（带负荷测试、定值、启动方案）	●	●					
运维阶段	SCD 文件管控	●	●					